내 집 마련이
처음이라

부동산 고수가 쉽게 알려 주는
'부동산 상식'

내 집
마련이
처음이라

오봉원 지음

다온북스
DAON BOOKS

권말부록 알면 알수록 돈이 되는 **부동산 상식**

당신의 부동산 점수는 몇 점인가요?

이 책을 구매할지, 말지 망설이는 당신, 길게 고민하지 말고 다음 문제부터 풀어봅시다. 간단한 'O, X 형식' 퀴즈입니다. 너무 오래 생각하지 말고, 떠오르는 데로 1번부터 20번까지 문제에 O 또는 X에 체크만 하면 됩니다. 자, 이제 시작합시다.

문항	내 용	O	X
1	평균가격과 중위가격은 같은 말이다.	☐	☐
2	계약금만 지급한 상태에서는 매매계약을 해제하는 '계약금 해제'가 가능하다. 매수인은 계약금을 포기해 매매계약을 해제할 수 있고, 매도인은 계약금의 두 배를 매수인에게 지급해 매매계약을 해제할 수 있다.	☐	☐
3	견본주택과 동일하거나 그 이상의 품질로 시공하지 않으면 하자로 간주해 수리나 보상을 받을 수 있다.	☐	☐
4	미성년자도 청약통장을 만들 수 있다. 단 청약통장 가점항목 중 하나인 '가입 기간'은 미성년자의 경우 최대 2년까지만 인정받을 수 있다.	☐	☐
5	2024년 11월부터 청약통장의 월 납입 최대 인정액이 기존 10만 원에서 25만 원으로 상향되었다.	☐	☐
6	기관추천 특공은 소득, 자산 기준이 없고 무주택자면 누구나 신청할 수 있다.	☐	☐
7	수도권에서 전용면적 85㎡ 이하, 시세 기준 약 8억 원 이하 빌라 1채를 보유한 사람은 청약 시 무주택자 자격으로 본다.	☐	☐
8	보류지 매각은 입주 전후로 하므로 일반분양가보다는 비싸지만, 주변 시세보단 저렴하다. 최저 입찰가격은 정해져 있고, 입찰 당일 가장 높은 가격을 부르는 사람이 구매할 수 있는 경쟁 입찰 방식이다.	☐	☐
9	자식이 부동산 취득자금을 부모님 명의로 대출을 받아 썼고, 이에 대한 원리금 상환은 자식이 할 때는 자금출처로 인정받을 수 없다.	☐	☐

10	조정대상지역이면 1억 원짜리 빌라를 사도 자금조달계획서와 증빙 서류를 제출해야 한다.	☐	☐
11	주택마련저축 소득공제는 최대 연 300만 원까지 공제된다. 주택마련 저축을 올해 중 중도 해지해도 공제받을 수 있다.	☐	☐
12	장기 주택저당차입금 이자 상환액 소득공제는 직장인과 자영업자 모두를 대상으로 하는 소득공제 제도로, 1주택자만 대상이 된다.	☐	☐
13	내 집 마련이 처음이라면, 6억 원 이하 집을 살 때 취득세율은 1%다.	☐	☐
14	전세를 끼고 산 '갭투자'는 생애최초 취득세 특례를 적용받을 수 없다.	☐	☐
15	집을 파는 사람은 6월 1일 전에 팔고, 집을 사는 사람은 6월 1일 이후에 사야 한다. 그 이유는 재산세를 부과할 때 1년 중에 며칠 동안 부동산을 보유하고 있었는지 따지는 게 아니라, 매년 6월 1일 현재 그 부동산의 소유자인 사람에게 1년 치의 재산세를 부과하기 때문이다.	☐	☐
16	주택 1채만 보유하고 있는 1세대 1주택자는 구간별로 0.05%p 낮은 세율을 적용받는다.	☐	☐
17	장기보유특별공제란 단어 그대로 주택을 오래 보유한 사람에게 세제 혜택을 주는 것이다. 구체적으로 연 2%씩 10년 보유 시 최대 20%까지 공제가 된다.	☐	☐
18	양도소득세 비과세 혜택을 계획하고 집을 샀지만, 1주택자가 부득이한 사유로 2년 보유 및 거주요건을 채우지 못할 때 구제하는 제도가 있다. 단 이때에도 최소 1년은 거주해야 2년 보유·거주 요건의 특례가 인정된다.	☐	☐
19	신규주택으로 이사하기 위해 일시적 2주택인 경우 종전 주택을 3년 이내에 양도하면 양도소득세가 부과되지 않는다. 이때 종전 주택은 비과세 요건(2년 보유 또는 거주)을 갖춰야 한다. 이 두 가지 조건을 만족하면 일시적 2주택 비과세 특례가 가능하다.	☐	☐
20	부동산 공동명의가 보통 절세에 유리하다고 알고 있다. 하지만, 1주택자라면 공동명의를 해도 절세 효과가 거의 없다.	☐	☐

수고했습니다. 답은 뒷장에 있습니다.

정답

1번	X	6번	O	11번	X	16번	X
2번	O	7번	O	12번	X	17번	X
3번	O	8번	O	13번	O	18번	O
4번	X	9번	X	14번	X	19번	X
5번	O	10번	O	15번	O	20번	O

'정답 수 × 5점'을 해 여러분의 점수를 계산해봅시다. 나온 점수가 50점이 안 되면 즉시 이 책을 구매해 읽어봅시다. 부동산은 아는 만큼 보이기 때문입니다.

우리는 사회초년생 시절부터 신혼부부에서 중장년에 이르기까지 살아가는 동안 부동산 거래를 합니다. 세 들어 살아가다, 내 집을 마련하고, 다시 투자를 통해 부를 늘리기 위한 수단으로 반드시 부동산 거래를 직접 한다는 말입니다.

처음 주택을 구입하는 건 무척 설레는 일입니다. 그런데 막상 계약서를 쓰고 큰돈이 오가는 과정을 떠올리면 갑갑해집니다. 수두룩한 낯선 용어, 세금이나 규제는 아무리 찾아봐도 도통 무슨 말인지 이해할 수가 없습니다. 이처럼 어찌할 바를 모르는 부동산 초보를 위해 거래 과정을 차근차근 알기 쉽게 설명하는 책이 있다면 어떨까요?

PIR (Price to Income Ratio, 소득 대비 집값 비율)이 10이라면 주택가격은 연 소득의 10배라는 의미입니다. 2024년 9월 기준 서울의 PIR은 9.8이었습니다. PIR은 주로 중위 소득(3분위) 계층이 중간 가격대(3분위)

주택을 구매하는 경우를 기준점으로 삼는데, PIR이 9.8이라는 것은 중위소득 가구가 9.8년간 급여 등의 소득 모두를 모았을 때 지역 내 중간 가격의 주택 한 채를 살 수 있다는 말입니다.

본 책 〈내 집 마련이 처음이라〉은 이런 현실 속에서 어렵게 난생처음 내 집 마련을 계획하는 독자를 위해서 부동산 상식과 세금으로 나눠 친절하게 설명합니다.

취득 후 보유하고 매도할 때까지의 절차와 상식, 그리고 각종 세금에 관한 모든 것을 한눈에 파악할 수 있어 초보 집주인의 걱정을 덜어준다는 것이 이 책의 장점입니다. 그동안 부동산 상담을 하면서 겪은 사례와 지식을 내 집 마련이 처음인 사람들에게 하나라도 더 알려주고 싶은 마음으로 집필을 했습니다.

최근 급변하는 부동산 대책으로 청약 조건, 대출 조건 등이 변화하고, 각종 세금 정책도 바뀌면서 조금 복잡해 보일 수도 있습니다. 그러나 걱정하지 않아도 됩니다. 큰 틀만 이해하고 나면 얼마든지 실무적으로 활용할 수 있기 때문입니다. 본 책을 통해 선택과목이 아닌 필수 과목 부동산에 대해 궁금한 점들이 해소되기를 바랍니다. 자, 그럼 이제 시작해봅시다.

PART I

내 집 마련 전에
알아야 할

부동산 상식

01
내 집 마련 전,
부동산 용어부터 알아보자

◆ **평균가격과 중위가격은 같은 말이다.**

 이 문장은 X입니다. 지역별 아파트값을 소개하는 기사에서 자주 등장하는 두 단어가 평균가격과 중위가격입니다. 쉽게 설명하면 평균가격은 모든 데이터를 합산한 뒤 수만큼 나눈 값이며, 중위가격은 데이터를 가격순으로 배열했을 때 한가운데 있는 집의 가격을 말합니다.

Q 부동산 관련 기사를 보다 보면 주택가격을 실거래가, 시세, 공시가격 등으로 다양하게 표현하고 있습니다. 각각 용어는 어떻게 다른가요?

A 시장에서 실제로 거래된 주택가격을 실거래가라고 합니다. 우리나라에서는 매매 주택에 대해 계약 후 30일 이내에 실거래가 신고를 해야 합니다. 실거래가가 오르면 호가도 덩달아 뜁니다. 문제는 가짜로 신고가를 등록하고 취소해 집값을 띄우는 경우입니다. 계약이 취소됐다고 해도 호가는 높아져서 실수요자들만 피해를 보는 셈입니다.

한동안 거래가 없던 주택은 실거래가를 알 수 없습니다. 그럴 때 참고하는 게 '시세'입니다. 한국부동산원과 KB부동산은 부동산 중개업소가 제공하는 정보를 바탕으로 최근 실거래가, 실거래 횟수 등을 참고해 시세를 정합니다. 이렇게 정해진 시세는 주택담보대출을 받을 때 주로 사용됩니다. 금융위원회에서도 시세의 공신력을 인정하며, 한국부동산원과 KB부동산에서 조사한 시세를 담보대출의 기준으로 삼고 있습니다.

마지막으로 공시가격은 국가가 세금을 부과하기 위해 만든 기준가격입니다. 국토교통부에서 매년 공시기준일(정기 1월 1일, 추가 6월 1일)을 기준으로 적정가격을 조사해 알리고 있습니다. 공시가격은 시세에 정부가 정한 현실화율을 적용하는데, 통상적으로 공시가격은 실거래가의 약 70% 수준입니다. 참고로 공시가격이 오르면 재산세뿐 아니라 종합부동산세와 증여세, 건강보험료 등 다른 조세 부담으로 이어집니다.

Q 평균가격과 중위가격은 어떻게 다른가요?

A 지역별 아파트값을 소개하는 기사에서 자주 등장하는 두 단어가 있습니다. 바로 평균가격과 중위가격입니다. 쉽게 설명하면 평균가격은 모든 데이터를 합산한 뒤 수만큼 나눈 값이며, 중위가격은 데이터를 가격순으로 배열했을 때 한가운데 있는 집의 가격을 말합니다.

평균가격은 8억 원이고 중위가격은 5억 원이라고 가정해봅시다. 여기서 약 3억 원의 차이가 생기는 이유는 평균가격이 비정상적으로 크거나 작은 수치에 크게 영향을 받기 때문입니다. 다시 말해 대상 중 20억 원이라는 고가주택이 평균가격을 높였기 때문입니다. 평균가격과 중위가격의 차이가 클수록 주택가격 양극화를 의미하기도 합니다.

많은 전문가가 향후 방향성을 알기 위해 과거를 돌아봅니다. 투자 자산의 가격은 사이클을 만들며 끝없이 등락을 거듭하기 때문입니다. 주택매매가격의 흐름은 주택가격지수로 파악할 수 있습니다. 주택가격지수는 거래사례나 호가를 기반으로 가격을 조사한 뒤, 전월 대비 가격변동률을 적용해 만든 지수입니다. 대표적으로 KB부동산, 한국부동산원에서 이를 제공합니다.

주택가격지수를 시간순으로 정리하면 주택가격이 얼마나 상승, 하락했는지 한눈에 파악할 수 있습니다. 이때 주택매매가격지수와 변동률 그래프를 함께 참고하면 주택가격이 상승한 시기가 드러나고, 해당 시기에 국내외 경제 상황 및 유동성, 주택 관련 정책 등을 역으로 공부하면 어떤 요소들이 주택시장에 영향을 끼치는지 학습할 기회가 됩니다.

Q 투자자들이 가장 궁금한 건 미래입니다. 이럴 때 어떤 자료를 보면 도움이
되나요?

A '이 주택이 투자할 가치가 있는가'를 알아보고 싶다면 매매가 대비 전세가
비율이 도움 될 수 있습니다. 매매가 대비 전세가 비율은 주택의 매매 가격
과 전세 가격 간의 관계를 나타내는 지표로서 주택의 전세 가격을 매매 가
격으로 나눠 백분율로 곱한 값입니다. 예를 들어, 매매가가 1억 원이고 전
세가가 7천만 원인 경우 전세가 비율은 70%입니다. 전세가 비율이 높으면
갭투자 증가와 부동산 시장이 불안정해집니다. 전세가 비율이 70%가 아닌
80% 이상으로 올라가게 되면 갭투자 방식이 높아집니다. 갭투자는 소액의
자본으로 주택을 매수하거나 높은 전세금으로 입주해있는 전세금을 안고
매매를 하기 때문에 매수인의 자기자본이 매매가의 10%~20%밖에 되지
않으며 무자본 갭투자도 가능할 수 있습니다. 갭투자가 활성화 된 상태에서
부동산 가격이 하락하거나 전세 수요가 줄어들 경우 갭투자자는 큰 손실이
발생하며 부동산 시장 전체의 불안정성이 커질 수 있습니다. 그리고 전세가
비율이 높으면 집주인이 전세 보증금을 반환하지 못할 위험도 커지며 매매
수요가 감수할 수 있습니다. 전세를 선호하는 전세 수요자가 늘어나는 경우
에는 부동산 매매 시장이 침체됩니다. 매매가 대비 전세가 비율이 높다면
주택가격 상승에 대한 기대심리가 낮다고 보고, 반대로 매매가 대비 전세가
비율이 낮다면 주택가격 상승에 대한 기대심리가 높다고 생각하면 됩니다.
매매가 대비 전세가 비율은 부동산 시장의 건강 상태라고도 할 수 있습니
다.

02
계약서 특약, 쉬운 용어와 의미가 분명한 어휘를 사용하자

◆ 계약금만 지급한 상태에서는 매매계약을 해제하는 '계약금 해제'가 가능하다. 매수인은 계약금을 포기해 매매계약을 해제할 수 있고, 매도인은 계약금의 두 배를 매수인에게 지급해 매매계약을 해제할 수 있다.

 문장은 O입니다. 원칙적으로 매매계약이 체결되면 계약의 당사자는 그 내용에 따라 의무를 이행해야 합니다. 그러나 계약금만 지급한 상태에서는 계약금 상당액을 포기하고 매매계약을 해제하는 '계약금 해제'가 가능합니다. 계약금을 지급한 매수인의 경우에는 계약금을 포기해 매매계약을 해제할 수 있고, 계약금을 수령한 매도인의 경우에는 계약금의 두 배를 매수인에게 지급함으로써 매매계약을 해제할 수 있습니다.

부동산 계약서 작성 시 눈여겨봐야 하는 '특약'이란 '특별한 조건을 붙인 약속'을 말합니다. 일반적으로 특약은 계약 당사자 간의 특별한 상호합의로 설정됩니다. 모든 계약 관계에서 특약 기재는 당사자 간에 부동문자로 인쇄된 계약 내용과 달리, '당사자들만의 독특한 사항을 합의했다'라고 하는 것을 '특약'이라고 한다라고 이야기합니다. 이 특약은 '특약 내용을 알고 있었다, 몰랐다', '효력이 있다, 없다', '해석이 맞다, 틀리다' 등 입장 차에 따른 갈등을 종종 유발하기도 합니다.

통상 특약 사항은 전월세 계약 시 자주 설정하고, 계약서 내 별도의 특약 사항을 기재하는 공간이 있습니다. '반려동물을 키우지 않는다', '반려동물 적발 시 즉시 퇴거' 등이 임대차계약에서 가장 흔한 특약입니다.

임차목적물 상태를 계약 체결 시 꼼꼼히 확인하는 것이 가장 중요한데, 계약서를 바탕으로 효력이 발생한다는 점을 고려해 웬만한 사항은 구두가 아닌 특약으로 묶어두는 것이 좋습니다.

무엇보다 법적 분쟁 소지를 줄이기 위해선 꼭 특약의 내용을 구두가 아닌 계약서 특약란에 명시하고, 누구나 명확하게 이해할 수 있도록 오해의 소지를 줄이는 식의 표현을 써야 합니다. 특약 내용을 기재할 때 어떤 권리와 의무가 있는지 누구나 해석하기 쉽도록 풀어쓰는 것이 중요합니다. 당사자들만 알아볼 수 있도록 애매한 문구나 어휘를 사용하면, 특약을 기재했더라도 이 특약 내용의 해석이 어떻게 되는지를 가지고 또 분쟁해야 합니다. 되도록 쉬운 용어와 의미가 분명한 어휘를 사용해 '권리 관계와 의무관계'를 특약에 명확하게 적어야 합니다.

전월세 거래의 경우 특약의 중요성이 더 커집니다. 특히, 임대차(전월세)계약에서 특약 사항을 잘 고려해야 하는 이유는 표준임대차계약서에 기재된 내용으로만 불충분한 경우가 많아 각자 사정에 부합한 약정이 별도로 필요하기 때문입니다.

계약 내용에 따라 다르지만, 최근 주택법 개정으로 당사자 간 권리의무관계에 혼선이 발생할 수 있습니다. 따라서 권리 관계를 특약 사항으로 분명하게 기재한다면 법적 분쟁에 휘말릴 위험을 줄일 수 있습니다.

특히, 임대차계약에서 '갱신요구권 행사로 인한 재계약'인지, '갱신요구권 사용이 아닌 새로운 합의에 따른 계약 관계인지'에 따라 계약이 종료된 뒤 임차인이 주택임대차보호법에 따른 갱신요구권 행사 여부가 달라지므로 이 부분도 주의해야 합니다.

이처럼 단순하게 집을 매도·매입하는 것과 달리 계약에 따라 특정 기간 거주하는 임대차의 경우 더 세심하게 특약 사항을 살펴야 합니다.

전세와 월세 특약이 크게 다르지 않습니다. 다만, 월세보다도 전세는 보증금 반환이 어려울 수 있으므로 임대인이 변경되면 알려줘야 한다는 내용이 포함되어야 합니다.

전월세 모두 하자가 발생했을 때 분쟁이 많이 발생합니다. 내부 수리 등이 필요할 때 누가 비용을 부담할지, 나갈 때는 어디까지 원상회복해야 할지 등을 명시해두는 것이 좋습니다.

또 전세권자로선 선순위 권리 관계에 대한 언급. 즉, 선순위 권리자가 있을 때 이를 알렸는지와 월세 계약이라면 월세 연체 시 지연이자율을 얼마로 할지를 정한 손해배상 내용 특약 등이 고려될 수 있습니다.

부동산 매매에서도 매도·매입 시점 또는 거주하는 세입자가 있다거나 상황에 따라 특약 조항을 넣어야 하는 경우가 있습니다. 보통 부동산 인도시기와 잔금은 동시이행 관계에 있습니다. 그러나 특별한 사정이 있어 '매수자에 먼저 인도하고, 매수자가 지급할 잔금은 인도받은 2개월 뒤로 하되 선인도 받아 사용·수익하는 것에 대해 사용료를 얼마 지불한다'와 같은 사항들이 특약 사항으로 기재되기도 합니다. 또 현 세입자 관련해서 어떻게 처리할지 또는 관리비 등 기타 비용에 관한 점을 부동산 매매 때 특약으로 묶어 둘 필요가 있습니다.

보통 매매 계약을 하면서 집을 사려는 사람은 계약금으로 매매금액의 10%를 매도인에게 지급합니다. 이때 지급하는 계약금의 성질에 대해 세분화해보면 크게 3가지로 나눠집니다. 구체적으로 증약금, 해약금, 위약금으로 구분되는데, 증약금은 계약체결의 증거로서의 의미를 지니고 있고, 해약금은 계약해제수단으로서의 의미를 지니고, 마지막으로 위약금은 계약 위반에 대한 손해배상의 의미입니다.

"매매의 당사자 일방이 계약 당시에 금전 기타 물건을 계약금, 보증금 등의 명목으로 상대방에게 교부한 때에는 당사자 간에 다른 약정이 없는 한 당사자의 일방이 이행에 착수할 때까지 교부자는 이를 포기하고 수령자는 그 배액을 상환하여 매매 계약을 해제할 수 있다."

민법 제565조에는 이렇게 규정하고 있습니다. 여기서 일방이 이행에 착수할 때까지라는 문구는 아주 중요합니다. 이행에 착수는 채무 이행의 일부를 행하거나 이행에 필요한 전제 행위를 말하는 것으로 이행의 준비만으로는 부족합니다. 대표적인 이행에 착수하는 것이 중도금 지급입니다. 즉 중도금이 지급되고 나면 해약금에 의한 계약 해제는 불가능하다는 뜻입니다. 그래서 5억 원짜리 아파트를 매도인이 시세를 잘 모르고 3억 원에 매매 계약을 체결한 경우 매수인이 계약금 3천만 원을 지급하고 바로 다음 날 중도금으로 1억 원을 지급하여 계약 해제를 불가능하게 하는 때도 있습니다.

원칙적으로 매매 계약이 체결되면 계약의 당사자는 그 내용에 따라 의무를 이행해야 합니다. 특별히 상대방과 매매 계약을 해제하기로 합의하거나 상대방에게 잘못이 존재하는 경우가 아니라면 매매 계약을 해제할 수 없습니다.

그러나 계약금만 지급한 상태에서는 계약금 상당액을 포기하고 매매계약을 해제하는 '계약금 해제'가 가능합니다. 계약금을 지급한 매수인의 경우에는 계약금을 포기해 매매계약을 해제할 수 있고, 계약금을 수령한 매도인의 경우에는 계약금의 두 배를 매수인에게 지급함으로써 매매계약을 해제할 수 있습니다.

Q 매매계약서를 작성하기 전에 가계약금만 지급한 상황에서 매매계약을 체결하지 못한 경우에도 동일하게 적용되나요?

A 보통 매매계약에서 매수인은 매수 의사를 밝히면서 계약금 일부를 매도인에게 지급한 후 매매계약서를 작성하고 나머지 계약금을 지급하게 되는데,

매매계약서를 작성하기 전에 가계약금만 지급한 상황에서 매매계약을 체결하지 못한 경우 매도인이 가계약금을 반환해야 하는지를 두고 다툼이 발생할 때가 있습니다. 이와 관련해 법원은 엇갈린 판단을 내리고 있습니다. 일부 법원에서는 가계약금은 매매예약 단계에서 지급한 것이므로 매매계약이 체결되지 못한 이상 매도인이 매수인에게 돌려줘야 한다고 판단했습니다.

그러나 대체로 가계약금을 지급한 경우 매도인은 매매계약 체결이 거절된 때까지 다른 사람에게 주택을 매도하지 못하는 불이익을 입게 되기 때문에 매수인이 매매계약 체결을 거절해 매매계약이 체결되지 못했다면 그에 따른 가계약금 상당액의 손해를 부담해야 한다고 판단합니다.

이처럼 가계약금이 지급된 후 매수인의 변심으로 매매계약이 해제되는 경우에도 가계약금을 돌려받지 못할 가능성이 큽니다. 따라서 가계약금을 둘러싼 분쟁을 예방하기 위해서는 매매계약서 작성 전이라도 문자메세지 등을 통해 매매계약의 중요한 사항에 관해서는 구체적으로 합의하고, 매매계약이 체결되지 못할 때 가계약금 반환에 관하여도 명시하는 것이 좋습니다.

Q 피치 못할 사정으로 계약을 파기하는 경우가 생겼을 때, 계약 파기로 받은 계약금은 소득세를 내야 하나요?

A 통상 살 사람이 계약을 파기하면 이미 지급했던 계약금을 포기하고, 팔 사람이 파기하면 계약금의 두 배를 사려던 사람에게 돌려주는 것이 관례입니다.

과세당국은 파기 계약금도 소득으로 보고 있습니다. 공인중개사는 계약이 파기되면 시, 군, 구청에 실거래가 수정신고를 하는데, 그 내용은 고스란히 과세당국에 통보됩니다. 그러므로 국세청은 파기 계약금의 확인이 가능합니다.

이때는 양도소득세로 분류과세 하지 않고, 기타소득으로 종합과세가 됩니다. 팔려던 사람이 받은 계약금을 돌려주지 않은 때에는 팔려던 사람의 기타소득으로, 사려던 사람이 두 배로 돌려받게 된 경우에는 사려던 사람의 기타소득으로 잡힙니다. 그리고 파기 계약금에 대해서는 필요경비를 인정하지 않습니다. 그러므로 상대방의 계약 파기로 위약금이라는 소득이 생기면 이 돈은 종합소득세 산정 시 모두 소득금액으로 합산됩니다.

03

견본주택
제대로 둘러보자

◆ 견본주택과 동일하거나 그 이상의 품질로 시공하지 않으면 하자로 간주
해 수리나 보상을 받을 수 있다.

이 문장은 O입니다. 현행 주택법에는 견본주택은 사업계획 승
인 내용과 같은 것으로 시공·설치해야 한다고 규정하고 있습
니다. 만약 견본주택과 동일하거나 그 이상의 품질로 시공하지
않으면 하자로 간주해 수리나 보상을 받을 수 있습니다. 견본주택을 꼼꼼히
살펴야 하는 이유이기도 합니다.

흔히 '모델하우스'라고 불리는 견본주택은 분양 예정인 아파트 단지와 내부 세대 모형 등을 작은 모형 형태로 보여주는 곳입니다.

견본주택을 방문하기 전 분양가는 합리적으로 책정됐는지, 주변 아파트 시세부터 교통이나 생활편의시설 등 다양한 정보를 수집하면 좋습니다. 이를 통해 견본주택이 제공하는 조건이 자신에게 맞는지 판단할 수 있습니다. 견본주택 방문은 주택 구매의 첫걸음이자, 구매 결정의 기초가 됩니다.

Q   견본주택 방문 시 주의해야 할 사항은 무엇인가요?

A   대부분 견본주택은 운영 시간이 정해져 있으므로, 사전에 운영 시간을 확인하고 방문 일정을 잡는 것이 좋습니다. 또한, 인기가 많은 견본주택은 예약제인 경우가 많으므로, 예약 여부를 확인하는 것이 필요합니다. 특히 주말이나 공휴일에는 더 많은 사람이 방문하므로, 꼭 예약 후 방문하도록 합시다.

실제 견본주택에 방문한다면 우선 모형도부터 확인해야 합니다. 모형도를 통해 단지의 건물 형태와 각 동의 방향, 동 간 거리, 경사도, 지하주차장 출입구, 출입문 위치 등을 따져 봐야 합니다.

유닛 (주택 내부 견본)에선 현관 수납공간부터 천장의 높이, 주방 가구 등 확인해야 할 게 많습니다. 실내에선 바닥재·표지·창호 소재 확인, 층고 여부, 수납공간, 에어컨 등 편의시설 매립 여부, 실외기·배수구 위치 확인, 실내 환기와 채광 등도 따져 봐야 합니다.

특히 기본 옵션과 유상 옵션의 종류가 무엇인지도 꼼꼼히 살펴야 합니다. 각 유닛 마다 기본 옵션과 유상 옵션에 대해 안내하고 있습니다. 참고로 '전시용'이라고 표기된 제품들을 볼 수 있습니다. 이 제품들은 전시 용도로만 쓰이는 제품이고 실제 입주할 때는 제공되지 않습니다.

이와 함께 '확장 부분' 확인도 필수입니다. 보통 견본주택은 확장을 적용해 모형을 만들어 놓습니다. 실내 공간이 더 넓어 보이는 효과를 주기 위해 가구 역시 일반 가구보다 크기가 작은 것들로 배치합니다. 견본주택에서 확장 여부를 제대로 확인하지 않으면, 아파트 준공 후 실내에 들어가면 상대적으로 세대 내부가 좁을 수도 있습니다.

Q **실제 지어진 집이 견본주택만 못할 때는 보상받을 수 있나요?**

A 견본주택만 꼼꼼히 확인해도 하자 등 다양한 분쟁을 미리 예방할 수 있습니다. 현행 주택법에는 견본주택은 사업계획 승인 내용과 같은 것으로 시공·설치해야 한다고 규정했습니다. 만약 견본주택과 동일하거나 그 이상의 품질로 시공하지 않으면 하자로 간주해 수리나 보상을 받을 수 있습니다. 견본주택을 꼼꼼히 살펴야 하는 이유이기도 합니다.

04

자녀가 중학생이 되는 해부터
청약통장을 개설하자

◆ 미성년자도 청약통장을 만들 수 있다. 단 청약통장 가점항목 중 하나인
'가입 기간'은 미성년자의 경우 최대 2년까지만 인정받을 수 있다.

이 문장은 X입니다. 청약통장은 나이와 관계없이 만들 수 있습니다. 청약 요건을 갖추려면 일정 기간 통장을 유지해야 하므로 일찍 가입할수록 유리합니다. 청약통장 가점항목 중 하나인 '가입 기간'은 과거에는 미성년자의 경우 최대 2년까지만 인정받을 수 있었습니다. 하지만, 2023년 8월 17일 발표한 청약통장 기능 강화 방안에 따라 미성년자 청약통장 납입 인정 기간이 현행 2년에서 5년으로 확대됐습니다.

전 국민 청약 시대입니다. 수도권을 중심으로 집값은 계속 치솟고 상대적으로 저렴한 분양아파트를 노리는 사람들이 많습니다. 2024년 12월 기준 청약통장 가입자 수는 2,648만 5,223명으로 대한민국 인구 절반 이상이 청약통장을 가지고 있는 셈입니다. 다시 말해 청약통장은 이제 필수품이 되었습니다.

예비청약자들은 적게는 수년, 길게는 수십 년 청약통장을 준비해놓습니다. 하지만 정작 써먹으려고 할 때, 해당 아파트의 청약 조건과 차이가 있어 사용하지 못하는 경우가 있습니다. 자신이 보유하고 있는 청약통장이 어떤 종류이고 어디서 써먹을 수 있을지 평소에 미리미리 점검해야 합니다. 청약 당첨을 운에 맡기지 말고, 전략적으로 계획해야 합니다.

Q **미성년자도 청약통장을 만들 수 있나요?**

A 성인이 되는 만 19세부터 주택청약이 가능합니다. 하지만 청약통장은 나이와 관계없이 만들 수 있습니다. 청약 요건을 갖추려면 일정 기간 통장을 유지해야 하므로 일찍 가입할수록 유리합니다.

청약통장 가점항목 중 하나인 '가입 기간'은 과거에는 미성년자의 경우 최대 2년까지만 인정받을 수 있었습니다. 하지만, 2023년 8월 17일 발표한 청약통장 기능 강화 방안에 따라 미성년자 청약통장 납입 인정 기간이 현행 2년에서 5년으로 확대됐습니다. 개편된 제도를 적용하면, 자녀가 만 14세 되는 해부터 청약통장을 개설하면 만 29세에는 가입 기간 항목에서 만점을 받을 수 있습니다. 청약통장이 1순위 요건을 갖추기 위해서는 가점을 확보하는 것이 중요합니다. 가입 기간(17점), 무주택 기간(최대 15년, 32점), 부양가족 수(최대 6명, 35점) 세 가지 항목으로 구성되는데, 가입 기간은 15년 이상이면 만점을 받습니다.

그리고 미성년자의 청약통장 납입 인정총액도 240만 원에서 600만 원으로 상향 조정됐습니다. 따라서 만 14세부터 15년간 청약통장에 매월 10만 원씩 저축하면 만 29세에 자녀는 1,800만 원이 입금된 가입 기간 만점 청약통장을 갖게 됩니다.

Q 또 바뀌는 건 없나요?

A 청약 가점이 동점일 경우, 최종 당첨자를 선정하는 기준이 가입 기간으로 바뀌었습니다. 종전에는 추첨 방식이었지만, 이제는 오래 가입한 사람에게 기회를 주는 쪽으로 방침이 변경되어 청약통장 가입을 서두를 요인이 하나 더 생겼습니다.

종전에는 주택청약은 한 사람 명의로 할 수 있어 부부의 경우 가입 기간 등 조건이 유리한 쪽만 청약통장을 남겼습니다. 재당첨 제한이 없는 추첨제 청약을 노리기 위해 부부 모두 청약통장을 보유하는 때도 있지만, 결혼을 앞두고 청약통장 해지로 목돈을 마련할 필요가 있는 경우 수년간 납입한 청약을 포기하는 사례가 적지 않았습니다.

하지만 제도가 개편되어 청약저축 가점제 가입 기간을 산정할 때 배우자의 청약통장 보유 기간의 절반을 인정합니다. 이때 배우자의 청약통장 가입 기간은 최대 3점까지만 인정된다는 점을 주의해야 합니다. 구체적으로 1년 미만은 1점, 1년 이상 ~ 2년 미만은 2점, 2년 이상은 3점이 가산됩니다. 예를 들어 본인이 5년 가입하고, 배우자가 4년(6점) 가입한 경우에는, 본인 명의로 청약할 때 가입 기간 가점은 5년에 해당하는 7점을 받고 배우자 가입 기간은 2년(3점)만 인정받게 됩니다.

청약통장의 재테크 기능도 더 강화됐습니다. 청약 당첨은 고사하고, 시중금리와 비교해 지나치게 낮다 보니 청약통장을 유지할 명분이 더 없다는 고민을 반영한 결과입니다. 구체적으로 청약저축 금리를 최대 3.1%로 인상했고, 청년우대형 종합저축 금리는 현재 시중 예금금리보다 높은 4.5%로 올렸습니다. 주택담보대출을 받을 때도 청약통장 장기 보유자에게 혜택을 주기로 했습니다. 청약통장 보유 기간이 5년 이상이면 0.3%포인트, 10년 이상이면 0.4%포인트, 15년 이상이면 1.5%포인트의 우대금리를 받을 수 있습니다. 또 청약저축 납입액의 소득공제 한도도 240만 원에서 300만 원으로 확대됐습니다.

05

청약통장,
도대체 얼마를 넣어야 할까?

◆ **2024년 11월부터 청약통장의 월 납입 최대 인정액이 기존 10만 원에서 25만 원으로 상향되었다.**

이 문장은 O입니다. 2024년 11월부터 청약통장의 월 납입 최대 인정액이 기존 10만 원에서 25만 원으로 상향됐습니다. 모든 면적에 대한 우선순위는 1,500만 원이 최대이며, '그럼 이제부터 열심히 넣어야지'라고 생각해도 5년은 걸립니다.

Q 주변에서 청약통장을 만들어야 한다고 해서 그냥 만들었습니다. '1,500 만 원은 통장에 있어야 한다'라는 말이 들리곤 하는데, 도대체 얼마를 넣 어야 하나요?

A 청약통장에 한 번 돈이 들어가면, 아파트를 마련할 때까진 없는 돈이나 마 찬가지입니다. 그 목돈을 묵히느니 다른 곳에 투자하는 게 나을 수가 있습 니다. 그리고 만약 급전이 필요할 때라면, 이 돈이 계속 눈에 보여서 결국은 청약통장을 해지할 수도 있습니다.

민간분양이나 공공분양주택에 신청할 수 있는 권리를 주는 청약통 장은 6개월 이상에서 2년 정도 된 청약통장을 제일 선호하며 예치금을 많이 넣을 필요도 없고 일정하게 넣는 것이 좋습니다. 청약통장의 예치 금은 분양권이 당첨되었을 때 계약금과 중도금, 그리고 잔금으로 들어 가는 통장이 됩니다. 그 안에 있는 예치금은 당연히 분양권을 구입할 때 쓰이게 됩니다. 예치 기간은 청약이 당첨되는 순간까지입니다.

일단 민간분양에서는 통장을 만든 지 얼마나 지났는지, 이 통장에 얼마나 들어있는지를 봅니다. 다시 말해 가입 기간을 따지고, 예치금을 확인하는 것입니다. 모든 면적에 대한 우선순위는 1,500만 원이 최대 이고, 그 금액 이상 넣어도 별다른 이득은 없습니다. 만약 85㎡ 이하의 아파트를 청약하려면 서울에서는 300만 원 정도만 넣어도 상관없습니 다. 다음 표를 참고합시다.

〈거주지역별 민영주택 청약 예치 기준금액〉

공급받을 수 있는 주택 전용면적	거주지역		
	서울, 부산	기타 광역시	특별시 및 광역시를 제외한 시, 군
85㎡ 이하	300만 원	250만 원	200만 원
102㎡ 이하	600만 원	400만 원	300만 원
135㎡ 이하	1,000만 원	700만 원	400만 원
모든 면적	1,500만 원	1,000만 원	500만 원

Q 그럼 서울에서 중소형 면적 대 청약 다 할 수 있으니, 딱 이 조건만 만들어 두고 통장을 그냥 둬도 되나요?

A 하지만 공공분양에선 다릅니다. 이번엔 납입금을 누가 얼마나 오래 넣었는지를 따집니다.

2024년 11월부터 청약통장의 월 납입 최대 인정액이 기존 10만 원에서 25만 원으로 상향됐습니다. 공공주택 청약에서 당첨에 가까워지기 위해서는 평균적으로 약 1,500만 원의 저축총액 요건을 채워야 합니다. '그럼 이제부터 열심히 넣어야지'라고 생각해도 5년은 걸립니다.

그런데 여기서 중요한 것, 누가 얼마나 오래 넣었는지는 일반공급의 경우입니다. 같은 공공분양이더라도 특별공급이 있고 일반공급이 있습니다. 공공분양에선 물량의 80% 정도가 특공으로 나오기 때문에 대부분 특별합니다.

그런데 이 특공은 별도 자격이 중요합니다. 누가 얼마나 오래 넣었는지는 중요하지 않습니다.

일단 기관추천은 가입 6개월, 월납입금도 6회 이상이면 됩니다. 다자녀도 가입 6개월, 월납입금 6회 이상 똑같습니다. 노부모부양은 2년, 24회이고 신혼부부는 6개월, 6회입니다.

그리고 생애최초는 2년, 24회입니다. 그런데 문구에 선납금을 포함해 600만 원 이상인 분이라고 돼 있습니다. 특별공급은 청약통장과 관련해서 최소한의 조건만 걸어두고 경쟁이 발생하면 별도의 방식이나 가점으로 당첨자를 뽑습니다. 생애최초의 경우에만 기간, 횟수와 별도로 600만 원 조건이 있습니다. 이것도 민간 생애최초엔 없고 공공 생애최초에만 있습니다. 하지만 공공분양주택 다자녀·신혼부부 특별공급의 경우 청약통장에 가입 기간이 6개월 이상이면서 납입 횟수만 충족하면 되기 때문에 무리해서 매달 25만 원씩 넣어야 할 필요는 없습니다.

정리하면 지금 말한 모든 유형에 신청하려면 청약통장에 일단 600만 원만 갖춰두면 됩니다. 다시 말해 젊은 세대라면 일반공급에서의 불입액 경쟁은 밀릴 수밖에 없습니다. 그러므로 모든 특공을 노릴 수 있는 최소한의 조건만 만들어 놓자는 말입니다.

Q 제가 청약통장을 만든 지는 10년이 지났는데, 돈은 10만 원씩 10번만 넣고 말아서 100만 원밖에 없어요. 그런데, 나머지 500만 원을 채우려면 다시 20개월을 기다려야 하나요?

A 아닙니다. 한 번에 됩니다. 청약통장은 은행에서 가입시킬 때 2만 원만 넣어도 된다고 해서 2만 원씩 넣는 분들이 많을 텐데, 1회 차에 25만 원까지 인정되므로 여유가 된다면 25만 원씩 넣는 게 좋습니다.

그런데 매달 꾸준히 넣지 않거나 넣다가 말았을 때는 가입 기간은 길지만, 납입금이 적을 수 있습니다. 이런 상황이라면 입금할 때 납입 횟수를 바꿀 수가 있습니다. 예를 들어서 한 번에 250만 원을 입금하면서 이번 달 치 25만 원에다 지난 9개월 치 225만 원을 나눠서 카운트하도록 쪼개는 겁니다. 쉽게 말해 밀린 돈을 한 번에 넣는 것입니다. 입주자 모집공고 전까지 세팅이 돼 있어야 하니 미리미리 해두는 게 좋습니다.

다시 정리하면 불입 횟수 24회 차 그리고 불입액 600만 원만 만들어 놓으면, 민간을 포함한 모든 유형에서 신청 조건을 갖추는 것입니다.

면적대별, 그리고 지역별 예치금 기준이 있습니다. 가령 서울에서 전용 85㎡ 이하에 넣으려면 300만 원이 필요하고, 85㎡ 초과부터 102㎡ 이하까지는 600만 원이 필요합니다.

참고로 민간 아파트 청약에서 투기과열지구 전용 85㎡ 이하는 무조건 가점제, 85㎡ 초과는 가점 반, 추첨 반입니다. 만약 가점이 낮아서 추첨 물량을 노려야 한다면, 당연히 전용 85㎡ 초과에 청약해야 합니다. 그때 필요한 예치금이 역시 600만 원입니다.

Q **그렇다면 1500만 원 채워서, 모든 면적대가 가능한 통장을 만드는 게 낫지 않나요?**

A 그 정도 예치금이 필요한 건 펜트하우스 같은 고급주택입니다. 물론 형편이 된다면 1,500만 원을 채워도 상관없습니다.

06

나에게 가장 유리한
특공은 무엇일까?

◆ 기관추천 특공은 소득, 자산 기준이 없고 무주택자면 누구나 신청할 수
있다.

이 문장은 O입니다. 중소기업 다니는 사람이라면 아파트 청약
때 특별공급에 지원할 자격이 있습니다. 바로 '중소기업 특별공
급(기관추천 특공)'입니다. 다른 특공과 달리 소득, 자산 기준이
없고 무주택자면 누구나 신청할 수 있다는 게 가장 큰 강점입니다.

청약가점제 시행으로 젊은 신혼부부 등은 일반 청약으로는 당첨이 사실상 어려운 게 사실입니다. 신혼부부 특별공급 역시 물량이 늘긴 했지만, 소득 기준도 같이 완화되면서 여전히 당첨되기는 힘이 듭니다. 그래도 기회가 하나 더 생겼습니다. 바로 생애최초 특별공급입니다. 공공분양에만 있던 이 제도가 민영주택 분양에도 적용되기 시작했습니다. 이제껏 집을 소유했던 경험이 없다면 자격요건이 되니 도전해볼 만합니다. 물량도 공공분양은 전체 공급물량의 25%로 종전보다 5%포인트 늘었고, 민영주택도 15% (민간택지 7%)로 적은 편은 아닙니다. 당첨자도 추첨제로 선정하는 만큼 젊은 수요층도 당첨을 기대해볼 만합니다. 신혼부부들은 신혼특공과 생애최초 특공 모두 자격이 되는 경우가 많아 둘 중 더 높은 확률의 특공을 지원해야 합니다.

신혼특공은 자녀가 많을수록 당첨 가능성이 커집니다. 다만, 신혼부부는 혼인신고 후 7년 이내여야 합니다. 생애최초 특공은 추첨제라 조건 없이 당첨될 수 있습니다. 평생 집이 없었다면 연령대와 상관없이 도전 가능합니다.

특공의 경우는 신혼 외에 중소기업, 노부모 공양, 다자녀 등 다양한 조건이 있으므로 자신에게 맞는 것을 찾아봐야 합니다. 참고로 본 청약 1~2년 전에 일부 물량에 대해 미리 청약을 진행하는 사전청약의 경우는 당첨돼도 일반 본청약이 가능한 점을 함께 고려해야 합니다.

다자녀 특별공급 기준이 대폭 완화되어 자녀가 있는 사람은 더욱 유리해졌습니다. 종전에는 자녀가 3명 이상이어야 '다자녀 가구'로 인정됐지만, 이제는 2명만 있어도 특별공급에 청약할 수 있습니다. 특히 아이가 신생아라면 도전해 볼 항목이 많아집니다. 모집공고일 기준 출생 2년 이내의 자녀가 있는 가구는 신생아 특별·우선 공급에 신청할 수 있어서입니다. 이때 소득은 청약 신청자의 세대를 기준으로 검증합니다. 부부 중 1명만 소득이 있는 경우 세대의 월평균 소득이 전년도 도시근로자 월평균 소득의 140% 이하, 맞벌이면 200% 이하면 됩니다. 2023년 3월 28일 이후 출산한 자녀가 있는 경우, 자녀 1인당 10%포인트, 최대 20%포인트까지 완화된 소득 및 자산 요건이 적용되고 있습니다.

Q **현재 임신 중인데도, 신생아 특별공급 청약신청이 가능한가요?**

A 네, 가능합니다. 신생아는 태아, 입양 자녀 모두 포함합니다. 특히 아이 출산 시점을 잘 고려해봅시다. 저출생 대책이 발표된 2024년 6월 19일 이후 출산(입양 포함)한 가구에는, 기존에 당첨 이력이 있어도 특별공급 당첨 기회를 한 번 더 부여하므로, 과거 생애최초 특공에 당첨됐던 1인 가구가 결혼하고 아이를 낳으면 특공에 또 한 번 도전할 수 있게 된 것입니다. 단 새집에 입주하기 전에 기존 주택은 처분해야 합니다.

여기서 잠깐! 재혼 부부가 신혼부부 특별공급에 청약하려는 경우에는 자녀 기준을 잘 살펴야 합니다. 이전 배우자와의 혼인 관계에서 태어난 자녀는 신혼부부 특별공급의 1순위 요건 자녀에는 해당하지 않습니다. 현재 배우자와의 혼인 기간 내에 임신·출산 또는 입양한 자녀가 있어야 합니다.

Q **전 결혼도 안 했고, 아이도 없어서 허탈하네요.**

A 2022년 12월 신설된 청년 특별공급은 1인 가구 신청이 가능합니다. 아쉽게도 민영주택에는 없지만, 한국토지주택공사(LH) 등이 공급하는 공공주택 가운데 전용면적 60㎡ 이하인 소형주택을 특별공급으로 만날 수 있습니다.

일단은 청년의 기준이 무엇인지부터 확인해봅시다. 제도가 정한 청년 나이는 만 19~39세입니다. 그리고 하나 더 조건이 있는데, '혼인 중이 아닌 자'만 대상이 될 수 있습니다. 그 의미가 조금 헷갈릴 수 있으니, 정리하면 이렇습니다. 지금까지 한 번도 혼인한 적 없는 사람은 물론 현재는 미혼이나 과거 혼인한 적 있는 사람(이혼, 사별 등)도 포함합니다.

Q 그럼 두 가지 중 하나에 해당하긴 하는데, 공고일 현재 자녀가 있는 경우는 어떻게 되나요?

A 다행히 신청 가능합니다. 신청자격에 자녀의 유무를 제한하진 않습니다.

청년 특별공급은 어떤 게 특별한지 봅시다. 무주택세대 구성원이 아닌 무주택자에게 공급하는 제도라, 같은 세대에 주택을 소유한 사람이 있더라도 본인이 과거에 주택을 소유한 이력이 없다면 신청 가능합니다. 그러므로 등본에 부모님과 함께 올라 있다고 해도 같은 단지에 신청자는 청년 특별공급, 아버지는 생애최초 특별공급으로 각각 청약 가능합니다. 소득 기준은 청년 본인의 소득만 따지지만, 총자산은 본인뿐 아니라 부모(세대 분리된 경우도)까지 포함해 검증받게 됩니다. 다만 청년과 부모님 총자산의 합계가 아니라, 각각의 자산 기준을 충족해야 하는 점이 독특합니다.

이와 함께 많은 사람이 간과하는 기관추천 특별공급도 눈여겨봅시다. 중소기업 근로자와 장기복무군인 등 여러 조건이 있습니다. 신청 절차가 신혼부부나 생애최초 특공과는 다르니 유심히 살펴봐야 합니다.

중소기업 다니는 사람이라면 정말 놓쳐서는 안 될 혜택이 있습니다. 아파트 청약 때 특별공급에 지원할 자격입니다. 바로 '중소기업 특별공급(기관추천 특공)'입니다. 기관추천 가운데 중소기업 근로자를 대상으로 선별해 특공에 지원할 자격을 주는 것입니다. 해당 기관 (각 지방중소벤처기업청)에서 추천을 받으면 특별공급은 당첨된 것이나 다름없습니다.

Q **어떻게 지원을 하고 누가 대상이 되는지 궁금합니다.**

A 다른 특공과 달리 소득, 자산 기준이 없고 무주택자면 누구나 신청할 수 있는 게 가장 큰 강점입니다.

지방중소벤처기업청에 신청하면 되고, 중소기업 재직기간이 길수록 유리합니다. 그동안 신혼부부, 청년 등을 대상으로 특공을 확대하는 등 2030 세대의 청약 기회를 확대하면서 4050 세대나 중장년층의 불만이 커졌는데, 여기서는 아무래도 중장년층이 더 유리해 보입니다.

07

주택청약
어떻게 바뀌나?

◆ 수도권에서 전용면적 85㎡ 이하, 시세 기준 약 8억 원 이하 빌라 1채를
보유한 사람은 청약 시 무주택자 자격으로 본다.

이 문장은 O입니다. 2024년 12월 중순부터 무주택으로 간주
하는 비(非)아파트 범위가 크게 확대되어 전용면적 85㎡ 이하,
공시가격 5억 원 이하인 단독·다가구주택, 연립·다세대주택,
도시형생활주택 보유자를 청약 제도상 무주택자로 보기로 했습니다. 다시
말해, 수도권에서 시세 기준 약 8억 원 이하 빌라 1채를 보유한 사람은 청약
시 무주택자 자격이라는 겁니다.

Q 분양가는 계속 높아지고, 당첨 확률은 점점 낮아지는데 청약통장을 계속 유지해야 하나, 차라리 해지하고 주식에 돈을 넣어 볼까? 청약통장 해지를 고민하고 있습니다.

A 앞서 본 것처럼 청약 당첨에서 청약통장 가입 기간 점수(17점 만점)는 상당한 비중을 차지합니다. '일단 깨고 필요할 때 다시 가입하자'라고 하기엔, 생각보다 빨리 부동산 시장이 회복될 수 있고, 여러 제도 변화로 신혼부부, 자녀가 있는 가구 등에 대한 혜택이 많이 늘어나고 있습니다. 그래서 청약통장 해지를 고민하기 전에, 제도 변화를 먼저 확인해봅시다.

먼저 주택을 소유하고 있다면 가장 먼저 확인해볼 건 무주택 점수 변화입니다. 종전에는 전용면적 60㎡ 이하, 공시가격 1억 6,000만 원 이하 아파트·비아파트만 무주택으로 여겼습니다. 하지만, 2024년 12월 중순부터 무주택으로 간주하는 비(非)아파트 범위가 크게 확대됐기 때문입니다. 전용면적 85㎡ 이하, 공시가격 5억 원 이하인 단독·다가구주택, 연립·다세대주택, 도시형생활주택 보유자를 청약 제도상 무주택자로 보기로 했습니다. 다시 말해, 수도권에서 시세 기준 약 8억 원 이하 빌라 1채를 보유한 사람은 청약 시 무주택자 자격이라는 겁니다.

지방 기준은 당연히 더 낮습니다. 종전에는 '전용면적 60㎡ 이하, 공시가격 1억 원인 주택'이 무주택 기준이었지만, 현재는 전용면적 85㎡ 이하, 공시가격 3억 원 이하인 비아파트도 포함됩니다. 시세로 따지면 5억 원 상당의 85㎡ 이하 비아파트가 해당합니다. 이때 주의할 사항은, 면적 또는 금액 중 하나라도 기준을 벗어나면 무주택으로 인정될 수 없다는 것입니다. 가령 전용면적은 40㎡인데 공시가격이 5억 원이라면, 면적이 기준에 한참 못 미치더라도 무주택으로 간주하지 않습니다.

그리고 '결혼하면 청약 시장에선 불리하다'라는 인식이 있었습니다. 부부가 같은 아파트에 동시에 청약을 넣으면 부적격 처리되는 등 혼자일 때보다 제약은 많았기 때문입니다. 청약 당첨 확률을 높이려고 오랜 기간 혼인신고를 미루는 부부도 있었습니다. 그러나 2024년부터는 부부 청약자의 혜택이 늘었습니다. 우선 부부 중복청약이 가능해졌습니다. 종전에는 부부끼리 당첨자 발표일이 다른 아파트 여러 곳에 청약하거나, 같은 단지 내에서 특별공급과 일반공급을 각각 신청하는 방법이 전부였습니다. 특공은 중복 신청만 해도, 일반공급은 규제지역의 경우 중복 당첨일 때, 부부 모두 부적격 처리가 됐습니다. 그래서 특공 자격이 안 되는 부부의 경우 한 단지에 청약통장 하나만 신중히 사용하곤 했습니다. 아예 혼인신고를 미루는 경우도 많았습니다. 하지만, 제도개편 후에는 특공을 사용한 적 없는 부부라면 하나의 단지에 총 4번의 청약이 가능해졌습니다. 부부 각각 특공과 일반공급을 신청하는 방법입니다.

Q 만약 둘 다 당첨이 되면 어떻게 되나요?

A 이럴 때는 신청이 빠른 사람(분 단위까지 같다면 신청자 연령순)이 유효하게 됩니다. 다만, 부부가 아닌 세대원이 당첨자 발표일이 같은 주택에 중복 청약할 때에는, 세대원 1명만 당첨되더라도 부적격 처리될 수 있습니다. 최대 1년간 청약신청도 제한됩니다.

또 부부간 청약통장 가입 기간도 일정 부분 합산 가능해졌습니다. 세대주 본인의 통장 가입 기간뿐만 아니라 배우자의 가입 기간 중 50%, 최대 3점까지 합산할 수 있습니다.

그리고 공공주택 특별공급 때 맞벌이 부부 소득 기준이 하향된 점도 꼭 기억합시다. 도시근로자 월평균 소득 140%에서 200%까지 확대됐기 때문에, 현재는 부부의 연 소득 약 1억 6,000만 원까지 공공주택 특별공급에 청약 가능합니다. 또 신청자 본인의 결혼 전 당첨 이력이 있어도 신혼부부 특별공급 청약을 할 수 있게 된 점도 기억합시다.

청약통장 가입과 직결된 이슈는 아니지만, 또 다른 큰 변화도 생깁니다. '줍줍 청약'이라고 불리는 '무순위 청약'에 다시 자격조건이 붙습니다. 무순위 청약은 부정 청약, 계약 포기 등으로 당첨자가 없어진 물량을 나중에 다시 청약받는 것인데, 종전에는 주택 수나 사는 지역과 관계없이 19세 이상이면 누구나 신청할 수 있었습니다. 당첨만 되면 수억 원 많게는 수십억 원의 시세차익이 발생해 그간 '로또 청약'으로 불리며 신청자가 몰려 청약홈이 마비되는 사태까지 있었습니다. 하지만, 무주택자만 가능하도록 조건이 개편되고, 지역 제한도 적용됩니다. 실수요자 중심으로 주택이 공급될 수 있도록 '해당 지역에 거주하는 무주택자'만 지원이 가능했던 2022년 이전 체제로 되돌아가는 겁니다.

그리고 위장전입을 통해 부양가족을 늘려 부정 청약하는 것을 막기 위해 확인절차도 강화됩니다. 당첨자가 실제 부양가족과 함께 사는지 검증하기 위해, 부양가족의 건강보험 요양급여 내역을 받아 병·의원 및 약국 이용 현황 등을 본다고 합니다. 시골에 사는 노부모님을 세대

원으로 위장전입해 청약 점수를 늘렸던 관행이 사라지면, 경쟁률이 조금 나아질 수도 있을 것 같습니다.

08

청약 시장 밖에서도
분양권을 사는 방법이 있다

◆ 보류지 매각은 입주 전후로 하므로 일반분양가보다는 비싸지만, 주변 시세보단 저렴하다. 최저 입찰가격은 정해져 있고, 입찰 당일 가장 높은 가격을 부르는 사람이 구매할 수 있는 경쟁 입찰 방식이다.

이 문장은 O입니다. 입주 전후로 하는 보류지 매각은 일반분양가보다는 비싸지만, 주변 시세보단 저렴하게 이뤄집니다. 또 청약통장도 필요 없고 다주택자도 살 수 있다는 점에서 꾸준히 관심을 받고 있습니다. 최저 입찰가격은 정해져 있습니다. 입찰 당일 가장 높은 가격을 부르는 사람이 구매할 수 있는 경쟁 입찰 방식입니다.

낙타가 바늘구멍 통과하기만큼 힘이 드는 것이 서울이나 주요 수도권 지역은 아파트 청약 당첨입니다. 그런데 청약 시장 밖에서 분양권을 매입하는 방법이 있습니다. (물론 분양권 전매 같은 불법 거래는 아닙니다.) 주택청약 시장에도 일종의 '장외거래'가 있는 것입니다. 바로 '아파트 보류지'입니다. 입주 시점 전후에 매각하는 물량이라 일반분양 가격보다는 훨씬 비싸지만, 청약통장도 필요 없고 다주택자도 살 수 있다는 점에서 꾸준히 관심을 받고 있습니다.

Q **솔깃한 내용이네요. 조금 구체적으로 설명해주세요.**

A 아파트 보류지는 일반분양이나 조합 소유로 나누지 않고 여분으로 남겨놓은 물량을 말합니다. 조합원 수 누락 및 착오가 발생하거나 입주예정자와의 분쟁 등에 대비하기 위해 유보해 놓은 것이라고 이해하면 됩니다.

서울의 경우 '서울시 도시 및 주거환경정비 조례'에 따라 공동주택 총 건립 세대수의 1% 범위로 보류지를 정합니다. 가령 아파트가 3,000가구라면 30가구 내로 물량을 남겨놓는 것입니다. 주택법 시행령에 따라 30가구 이상 보류지는 사업계획 승인을 받고 청약 형식으로 공급해야 하므로 보류지는 최대 29가구를 넘지 않는 게 일반적입니다. 실무적으로 1%도 안 되는 극소수 물량만 남겨놓는 경우가 더 많습니다.

참고로 보류지 매각은 입주 전후로 하므로 일반분양가보다는 비싸지만, 주변 시세보단 저렴하게 이뤄집니다. 최저 입찰가격은 정해져 있습니다. 입찰 당일 가장 높은 가격을 부르는 사람이 구매할 수 있는 경쟁 입찰 방식입니다.

서울의 경우 재개발·재건축 클린업시스템에 접속하면 '조합입찰공고' 메뉴에서 보류지 매각공고를 확인할 수 있습니다. 매각 대상 타입, 동, 호수, 최저 입찰가격 등을 확인할 수 있습니다.

Q 누구나 입찰에 참여할 수 있나요?

A 만 19세 이상이면 청약통장이 없거나 다주택자여도 입찰에 참여할 수 있다는 점이 특징입니다. 청약 가점이 낮은 사람도, 유주택자여서 청약 자격이 안 되는 사람도 분양권을 살 수 있는 기회가 열리는 셈입니다.

보류지 성격 자체가 '만약'을 대비한 물량이기도 해서, 조합 편에서는 일종의 보험 장치로 보류지를 활용하기도 합니다. 무엇보다 사업비 충당에 이용할 수 있다는 점이 두드러집니다.

또 보류지 물량을 특별분양으로 이용하는 때도 있습니다. 홍보 효과를 높이기 위해 연예인이나 유명인사 등에 보류지 일부 물량을 일반분양가로 제공하는 식입니다.

부족한 신규분양 물량, 분양가 규제 등으로 인해 '로또 분양'이 기대되면서 청약 경쟁은 갈수록 심화해져 청약 당첨은 '낙타가 바늘구멍에 통과하기' 수준입니다. 특히 서울에선 새 아파트가 귀해지면서 아파트 보류지에 관한 관심은 계속 증가하고 있습니다. 보류지 아파트가 수요자들의 틈새 투자처로 인기를 끌고 있는 이유입니다. 하지만 보류지를 품에 안는 게 쉽지 않습니다.

보류지는 보통 입주 시점에 나오기 때문에 자금 납부 기간이 통상

1~2개월로 짧습니다. 물론 중도금 대출도 안 됩니다. 최저 입찰가가 시세보다 낮다고 해도 일반분양가의 두 배를 넘기도 합니다. 입찰 경쟁이기 때문에 최저 입찰가보다도 높은 금액을 제시해야 하므로 자금 여력이 있는 '현금 부자'만이 입찰받을 수 있는 구조입니다. 그래서 입찰가격이 높을 때 주인을 찾지 못하는 사례도 종종 나오기도 합니다.

그렇지만 인기 단지의 경우 보류지 수요가 큽니다. 청약처럼 '로또' 수준은 아니지만 일단 매입해놓으면 향후 집값이 오를 것이란 기대감 때문입니다.

09
자금출처조사는
누가 받나?

◆ **자식이 부동산 취득자금을 부모님 명의로 대출을 받아 썼고, 이에 대한
원리금 상환은 자식이 할 때는 자금출처로 인정받을 수 없다.**

 이 문장은 X입니다. 세법은 실제 사실을 우선하므로 금융기관
에서 타인 명의로 대출을 받았지만, 원금 변제나 이자 지급을
재산 취득자가 사실상의 채무자로서 부담하고 있다는 사실이
확인되면 해당 대출금은 재산취득자금의 출처로 인정받을 수 있습니다.

집을 사게 되면 자금이 어디서 나왔는지를 밝히는 자금조달계획서를 써내야 합니다. 혼자 스스로 대부분 자금을 마련했다고 자금조달계획서를 써냈는데, 과세당국이 취득자의 나이나 소득을 고려해 봤을 때 그 정도 규모의 자금 마련이 어렵다고 판단되면 돈이 어디서 났는지를 묻게 됩니다. 이때 그 출처에 대해 명확히 소명하지 못하면 기본적으로 증여로 추정하게 됩니다. 즉, 자금출처조사의 기본은 '증여 추정'입니다.

Q   구체적으로 자금출처조사는 누가 받는 건가요?

A   소득이 높지 않거나 너무 어린 사람이 비싼 부동산을 사게 되면 '돈이 어디서 나서 샀을까?'라는 의문이 생기겠죠. 부동산을 취득한 경우 부동산을 취득한 사람의 직업, 나이, 소득 및 재산상태 등을 보고 자력으로 부동산을 취득했다고 인정하기 어렵다면 자금출처를 입증하도록 하고 있습니다. 만약 소명 과정에서 취득자금의 원천을 밝히지 못하면 국세청은 이를 증여로 추정해서 증여세를 부과할 수 있습니다. 이때는 '증여 추정' 기준을 적용해 누구로부터 취득자금을 받았는지에 대한 확인 없이 과세할 수 있습니다.

그런가 하면 '증여 추정 배제' 기준도 있습니다. 일정 금액 이하의 부동산을 취득하는 경우에는 자금출처 입증 규정을 적용하지 않는 걸 증여 추정 배제기준이라고 합니다. 일정 금액 아래의 부동산까지 세무서에서 일일이 다 들여다보기엔 무리가 있으니 따로 조사 없이는 입증 책임을 묻지 않겠다고 하는 겁니다. 다음 표를 참고합시다.

증여 추정 배제기준

구분	취득 재산		채무상환	총액한도
	주택	기타재산		
30세 미만	5천만 원	5천만 원	5천만 원	1억 원
30세 이상	1억 5천만 원	5천만 원	5천만 원	2억 원
40세 이상	3억 원	1억 원	5천만 원	4억 원

Q 올해 만 32세로 평범한 직장인입니다. 결혼과 동시에 시가 2억 2천만 원 짜리 집을 샀습니다. 자금출처조사를 받게 될까요?

A 관할 등기소에 소유권이전등기를 신청하면 그 내역이 국세청 전산실로 바로 전송됩니다. 30세 이상이므로 1억 5천만 원까지는 증여 추정을 배제하기에 시세로 보면 자금출처조사 대상자에 해당합니다. 자금출처 소명자료를 요구받았으면 자금출처에 대해 증명을 해야 합니다. 다음 표를 참고합시다.

출처 유형	입금 금액	증빙서류
근로소득	총급여액 - 원천징수액	원천징수 영수증
이자, 배당소득	총 지급받은 금액 - 원천징수액	원천징수 영수증, 통장 사본
채무 부담	차입금, 전세보증금	채무부담확인서, 전세계약서
재산 처분	매매가격 등	매매계약서 등
상속, 증여재산	상속 또는 증여받은 재산 금액	상속세, 증여세 신고서

근로소득, 이자소득과 금융권을 통해 대출받은 돈 등은 자금출처로 확실히 입증할 수 있는 수단입니다.

입증을 모두 한 상태에서 입증되지 않은 금액이 취득가액의 20%와 2억 원 중 적은 금액에 미달하면 자금출처에 대한 입증 책임을 면제합니다. (이런 경우에는 증여세를 부과하지 않습니다.)

Q **임대사업을 하기 위해 5억 원짜리 건물을 구입했습니다. 5억 원 중 2억 원은 자금출처를 입증했지만, 3억 원은 입증하지 못했습니다. 증여세는 얼마나 나올까요?**

A 먼저 입증하지 못한 금액 3억 원이 취득가액 5억 원의 20%인 1억 원과 2억 원 중에서 적은 금액인 1억 원보다 많으므로 입증 면제 기준에 해당하지 않습니다. 따라서 3억 원에 대한 증여세가 부과됩니다.

증여세는 성년 자녀의 경우 10년간 5천만 원이 공제되므로 과세표준은 2억 5천만 원 (3억 원 - 5천만 원)이 됩니다. 여기에 세율 20%와 누진공제 1천만 원을 적용하면 증여세는 다음과 같이 4천만 원으로 계산됩니다.

· 증여세 = 과세표준 × 세율 = 2억 5천만 원 × 20% - 누진공제 1천만 원 = 4천만 원 (계산 편의상 신고세액공제는 생략)

일반적으로 자금출처조사는 취득가액이 클수록, 나이가 어릴수록 발생 가능성이 커집니다. 다음과 같은 경우에는 자금출처조사 확률이 높으므로 꼭 주의해야 합니다.

- 미성년자가 주택 등 부동산을 구입한 경우
- 소득입증이 되지 않음에도 불구하고 고가의 부동산을 취득한 경우
- 고소득자가 고가의 부동산을 구입한 경우
- 부담부증여 등에 의해 부채를 상환한 경우
- 투기과열지구에서 주택을 취득해 자금조달계획서를 제출한 경우
- 금융소득 종합과세를 적용받은 경우
- 투기지역 등에서 고가의 거래를 하는 경우
- 고령자가 고가의 부동산을 취득한 경우 등

Q **사정상 부모님 명의로 대출을 받아 자금으로 썼고, 상환은 제가 하고 있습니다. 자금출처로 인정받을 수 있나요?**

A 세법은 실제 사실을 우선하므로 금융기관에서 타인 명의로 대출을 받았지만, 원금 변제나 이자 지급을 재산 취득자가 사실상의 채무자로서 부담하고 있다는 사실이 확인되면 해당 대출금은 재산취득자금의 출처로 인정받을 수 있습니다.

이밖에 공동소유를 하는 경우 공동소유자 중 한 명의 명의로 대출을 받아 부동산취득자금으로 썼다면, 실제 채무자가 해당 공동소유자로 확인이 되는 경우 각자가 부담하는 대출금은 각자의 자금출처로 인정이 됩니다. 따라서 자금출처를 소명하면서 원금이나 이자 상환의 주체 그리고 지급 근거를 증명하면 출처 인정이 가능한 것입니다.

Q 공동명의로 취득한 토지와 건물의 임대보증금은 지분 대로 나누는 건가요?

A 공동취득한 해당 토지와 건물을 공동취득자 중 1인만이 임대차계약을 맺고 받은 임대보증금을 자신의 취득자금으로 사용한 경우 1인만의 자금출처로 인정됩니다.

따라서 공동명의자 각각의 지분만큼 인정받기 위해서는 공동취득자 모두가 임대차계약의 당사자로 참여해 대금을 수령 관리해야 합니다.

10
자금조달계획서
어떻게 작성하나?

◆ 조정대상지역이면 1억 원짜리 빌라를 사도 자금조달계획서와 증빙서류를 제출해야 한다.

 이 문장은 O입니다. 2020년 10월 27일부터 투기과열지구·조정대상지역 내 주택이라면 거래금액과 무관하게 자금조달계획서와 증빙자료를 제출해야 합니다. 따라서 조정대상지역이면 1억 원짜리 빌라를 사도 자금조달계획서와 증빙서류를 제출해야 합니다.

일반적으로 자금조달 금액이 직업, 나이, 소득 및 재산상태 등으로 보아 해당 부동산을 자신의 능력으로 취득했다고 인정하기 어려운 경우 취득자금 출처를 조사받게 됩니다. 그 기초자료로 사용되는 것이 이 자금조달계획서입니다. 그러므로 신중하게 작성해야 합니다.

조정대상지역에서 주택을 구매하면 자금조달계획서와 증빙자료를 제출해야 합니다. 비조정대상지역 주택을 매수하는 경우에는 거래가가 6억 원 이상이라면 자금조달계획서가 필요합니다. 법인은 지역이나 금액에 상관없이 무조건 제출해야 합니다.

자금조달계획 항목이 10개가 넘는 데다 증빙자료까지 챙기려니 보통 일이 아닙니다. 혹여 잘못 적거나 누락 했을 경우 과태료를 물거나 추가조사를 받아야 하니 주의가 필요합니다.

Q 자금조달계획서 작성 방법과 주의사항은 어떻게 되나요?

A 주택 구매비용을 어떻게 마련했는지, 이에 대한 자금출처를 기재하는 서류가 자금조달계획서입니다. 2017년 8·2대책에서 투기적 주택수요에 대한 조사체계를 강화하기 위해 도입했습니다. 이후 최근까지 점점 수위를 높여가며 강화되어 2020년 6·17대책에서 한 번 더 규제 수위를 높여 같은 해 10월 27일부터 투기과열지구·조정대상지역 내 주택이라면 거래금액과 무관하게 자금조달계획서와 증빙자료를 제출해야 합니다. 따라서 조정대상지역이면 1억 원짜리 빌라를 사도 자금조달계획서와 증빙서류를 제출해야 합니다.

자금조달계획서는 '자기 자금'과 '차입금'으로 구분해 작성하게 돼 있습니다. 자기 자금에는 금융기관 예금액, 주식·채권 매각대금, 증여·상속, 현금 등 그 밖의 자금, 부동산 처분대금 등을 적으면 됩니다.

차입금 기재 항목은 금융기관 대출액 (주택담보대출, 신용대출, 그 밖의 대출) 합계, 기존 주택 보유 여부, 임대보증금, 회사지원금·사채, 그 밖의 차입금 등입니다.

이 항목별로 증빙자료도 함께 제출해야 합니다. 금융기관 예금액은 예금 잔액 증명서, 주식·채권 매각대금은 주식거래 내역서 등 자금조달계획을 입증할만한 자료를 준비하면 됩니다. 다음 표를 참고합시다.

항목별		제출 서류
자기 자금	금융기관 예금액	잔고 증명서, 예금잔액증명서 등
	주식·채권 매각대금	주식거래 내역서, 잔고 증명서 등
	증여·상속 등	증여·상속세 신고서, 납세증명서 등
	현금 등 기타	소득금액증명원, 근로소득원천징수영수증 등 소득 증빙 서류
	부동산 처분대금 등	부동산매매계약서, 부동산 임대차계약서 등
차입금 등	금융기관 대출액 합계	금융거래확인서, 부채증명서, 금융기관 대출신청서 등
	임대보증금 등	부동산 임대차계약서
	회사지원금·사채 등 또는 그 밖의 차입금	금전 차용을 증빙할 수 있는 서류 등

자금조달계획서와 증빙자료는 부동산 계약 후 30일 이내 실거래가를 신고할 때 함께 제출하면 됩니다. 거래자 (매수자)가 직접 신고하거

나 부동산 거래 시 중개업소에서 제출 대행해도 됩니다.

Q **자금조달계획서 작성 시 어느 정도로 구체적으로 써야 하는지 궁금합니다.**

A 가족에게 빌린 돈이나 금융기관 대출이 아닌 사적으로 빌린 돈도 자금조달계획서에 써야 합니다. 이밖에 취득세, 중개수수료, 법무사 비용, 이사 비용 등은 주택 취득가격에 관한 조달 계획이 아니므로 적지 않아도 됩니다. 만약 자금조달계획서나 증빙자료가 미진한 경우엔 추가로 조사를 받을 수 있습니다. 한국감정원 등이 추가 요구한 증빙자료를 내지 않으면 최대 3,000만 원의 과태료를 내야 합니다. 추가 제출 자료로 소명하지 못하고 편법 증여, 대출 규정 위반 사실 등이 드러나면 주택법 위반으로 형사처벌을 받을 수도 있습니다.

Q **지난 몇 년간 소득금액을 예금액에 적으면 되는 건가요?**

A 계약에 사용되는 예금 잔액은 급여 생활자 기준으로 급여에서 생활비로 사용된 금액을 차감한 잔액이 급여 통장에 남아있게 됩니다.
예를 들어 1년간 원천징수 영수증상에 급여가 6천만 원이고, 결정세액이 400만 원이며, 4대 보험 본인 부담분이 200만 원이고, 신용카드 사용액이 1,500만 원이라고 가정해봅시다. 급여에서는 4대보험 원천징수 금액과 근로소득세를 차감한 잔액이 계좌로 입금될 것이며, 그 금액 중에서 신용카드 사용액을 제외한 금액(3,900만 원)이 남아있게 됩니다. 다시 말해 실제 본인 급여보다 소득 증빙으로 활용할 수 있는 금액이 낮다는 의미입니다.

자기 자금인 가처분소득 (원천징수 급여액 - 결정세액 - 4대보험 본인 부담액 - 카드사용액)에 타인자금인 차입금을 가산한 금액이 새로 취득하는 자산의 취득금액과 차이가 발생하면 그 차액은 증여액으로 추정되는 것입니다. 이때 증여받은 것이 아니라는 것은 본인이 소명해야 합니다.

Q 예금잔액증명서 발급일 기준은 어떻게 되나요?

A 예금잔액증명서 등 모든 증빙자료는 자금조달계획서 제출일과 가장 가까운 시일 내 발급받으면 됩니다.

만약 계약금 등을 이미 송금한 경우라면 통장거래내역서 등 다른 증빙자료로 대체할 수 있습니다.

Q 자금조달계획서에 기재했으나 아직 체결되지 않은 거래나 대출 등이 있다면요?

A 본인 소유 부동산의 매도 계약이 아직 체결되지 않았거나 금융기관 대출 신청이 이뤄지지 않는 등 증빙자료 제출이 어려울 때는 '미제출 사유서'를 제출하면 됩니다.

Q 자금조달계획서 추가조사 시행 기관은 어딘가요?

A 9억 원 초과 주택은 부동산 시장 불법행위대응반에서 주관하되 한국감정원이 지원합니다. 그 이하 주택은 한국감정원이나 지자체가 각각 실시하거나 합동조사를 합니다.

Q 추가조사 기준은요?

A 서면 자료 제출이 미진한 경우 소명자료를 요청합니다. 추가로 받은 자료를 확인하고 편법 증여 등 위반 사례로 의심되면 국세청, 편법 대출 등은 금융 당국에 통보해서 처분할 수 있도록 합니다. 명의신탁 등 주택법을 위반했을 경우 형사처벌도 할 수 있습니다.

Q 추가조사 시 자료 요청 범위는요?

A 인터넷 카페 등을 통해 추가조사에 관한 확인되지 않은 정보들(추가조사 경험담 등에서 나온 최근 2년간 은행 거래내역 제출)이 많이 공유되고 있습니다. 추가조사 범위가 특정된 건 아닙니다. 조사가 완료될 때까지 필요한 자료를 계속 요청하는 식입니다.

과거에는 집을 살 때 남편 단독명의로 하는 경우가 많았는데, 요즘에는 상당수 맞벌이를 하다 보니 공동명의로 집을 매수하는 경우가 대부분입니다. 그런데 공동명의로 집을 살 때 주의해야 하는 사항이 있습니다.

Q 맞벌이로 집을 살 때, 그냥 5:5 공동명의로 해야 한다고 생각하는데 이게 문제가 될 수도 있다는 말인가요?

A 공동명의 자체가 문제가 되지는 않고, '자금조달 계획서를 어떻게 써야 하느냐'이 부분에서 처음 문제를 만나게 됩니다. 일단 자금조달 계획서는 두 장을 써야 합니다. (각각 50%, 50%만큼을 자기가 어떻게 조달할 건지를 써야 합니다.)

Q 명의만 공동명의로 하고 자금조달 계획서 한 장 쓰는 게 아니라, 각각을 써야 하는 건가요?

A 네. 그렇습니다. 이 두 장의 각각의 자금을 자기가 소명해야 하고, 이 총액도 결국은 전체 매수 대금과 다 맞아야지 넘어갈 수 있는 부분입니다. 다음과 같이 가정해봅시다.

- 아파트 10억 원에 매수 예정 (남편·아내 5:5 공동명의)
- 현재 전세금은 3억 원 (남편 단독명의): 남편 자산 1억 원, 아내 자산 5천만 원, 전세자금 대출(남편 명의) 1억 원, 시댁 증여 5천만 원
- 보유 자산: 남편 예금 3억 원, 아내 예금 1억 원
- 4억 원 대출 예정
- 2024년 근로소득금액: 남편 5천만 원, 아내 5천만 원

부부의 자산을 일단 명의 기준으로 보면, 남편 단독명의로 전세자금을 다 계약한 상황이기 때문에 전세자금 대출을 상환하고 나면 순 2억 원의 자금을 가진 상황이고. 남편 예금이 3억 원이 추가로 있으므로 남편은 자금을 소명하는 게 큰 문제는 없습니다.

문제는 아내입니다. 아내는 현재 예금이 이제 1억 원이죠. 그러면 '(나머지) 4억 원을 도대체 어떻게 소명하란 말이냐'라는 부분에서 고민이 생깁니다. 일단 주택담보대출을 4억 원을 받을 건데, 이거를 아내 명의로 모두 다 받는다면 문제는 간단하게 해결됩니다.

Q 그럼 아내가 4억 원을 대출을 받으면 정리가 되는 건데, 남편 명의로 대출을 받게 되면 어떻게 되는 거예요?

A 이렇게 되면 두 가지의 방법이 있습니다. 첫 번째로는 대출 4억 원을 남편 이름으로 받았지만, 실제 '각각 2억 2억을 상환한다'라고 해서 금융기관 대출액에 2억, 2억을 써서 내는 방법이 있습니다.

그러면 남편은 예금 자산의 3억 원에 대출 2억 원 하면 모두 다 소명이 되는데, 아내는 예금 자산 1억 원에 이번에 대출 2억 원 해도 2억이 비게 됩니다. 그렇게 되면 '이 2억을 과연 어떻게 소명할 것이냐'의 문제가 있습니다. 이 2억은 결국엔 전세자금에서 가지고 와야 합니다.

그런데 여기서 보면 아내의 자산이 5천만 원 이미 들어가 있습니다. 이 부분은 '남편분한테 전세하라고 차용해 줬다'라고 소명할 수 있는데, 여기 남편 부모님으로부터 증여를 받은 것은 명백한 남편의 자산이기 때문에 그냥 아내에게 증여가 됐다고 볼 수밖에 없는 부분입니다. 그리고 남편 자산 1억도 실제로는 증여로 보일 가능성이 있어서 2억 중에 1억 5천은 남편으로부터 증여를 받았다고 원칙적으로는 보여 집니다.

Q 그럼 공동명의로 집을 사고 자금조달 계획서 2장 썼는데, 갑자기 증여로 간주 되는 당황스러운 상황을 마주하실 수 있는 거네요. 그러면은 처음부터 전세 계약을 할 때도 누구 명의로 할지 꼼꼼하게 해야겠습니다.

A 여기서 꿀팁 하나, 아내가 전세자금을 처음에 보낼 때 그냥 애매하게 보내지 말고 통장에서 통장으로 이체할 때 '전세자금 대여' 같이 적요를 남겨두면, 이후에 자신의 자금이 들어간 전세자금이라는 걸 입증하기 쉬워집니다.

내 집 마련 전에
알아야 할

부동산 세금상식

01
청약저축으로 세금까지
줄여 보자

◆ **주택마련저축 소득공제는 최대 연 300만 원까지 공제된다. 주택마련저축을 올해 중 중도 해지해도 공제받을 수 있다.**

이 문장은 X입니다. 주택마련저축을 중도해지하면 해지하기 전까지 납입한 금액은 전액 소득공제를 받을 수 없습니다. 참고로 소득공제를 받으면 계좌를 5년간 유지해야 합니다. 5년 이내에 계좌를 해약하면 소득공제를 받은 금액에 6%를 곱한 금액을 추징당합니다.

우리나라는 특히 주택에 민감해서 주거 문제 해결을 위해 지출하는 비용이 있다면, 그 지출을 통해 세금을 줄일 수 있도록 해주고 있습니다. 사업자든 근로자든 주택 문제는 다 중요하지만, 주택 관련 지출은 직장인에게만 세금 혜택을 부여하고 있습니다.

연말정산에는 부동산 관련 항목이 특히 많습니다. 부동산 관련 연말정산 항목은 크게 4가지 정도를 꼽을 수 있습니다. 주택마련저축 소득공제, 주택임차차입금 원리금 상환액 소득공제, 주택저당차입금 이자 상환액 소득공제, 월세 세액공제가 있습니다.

앞장에서 살펴본 월세 세액공제를 제외한 다른 3가지 항목은 모두 소득공제입니다. 고소득자도 아니고 아이도 없는 사회 초년생 1인 가구를 위한 팁도 있습니다. 청년이면 대부분 가입해 있을 주택청약통장 납입액도 공제대상입니다. 주택청약종합저축에 가입한 총 급여액 7,000만 원 이하인 직장인 무주택 세대주라면 올해 불입액 중 최대 300만 원(종전 240만 원) 한도의 40%인 120만 원까지 소득공제가 가능합니다. 가령 한 달에 10만 원씩 1년 동안 120만 원을 납부했다면, 다음과 같이 소득금액에서 48만 원을 공제하는 식입니다.

· 청약저축 공제 (300만 원 한도): 저축액 × 40% = 120만 원 × 40%
$$= 48만 원$$

해당 연도 내내 무주택인 세대의 세대주이고 해당 연도의 총급여액이 7천만 원 이하인 직장인이 주택을 구입하기 위한 자금을 마련하기 위해 본인 명의로 저축에 가입하는 경우에는 그 저축에 납입한 금액을 소득공제 대상으로 인정합니다. 세대주 여부는 그해의 12월 31일 현재 상황에 따라 판단합니다.

또 올해 한 해 동안 한 번도 주택을 보유한 적이 없어야만 혜택을 받을 수 있습니다. 이 기간 세대원 전원이 무주택이어야만 공제 가능합니다.

Q **그런데 가입할 때는 총급여액이 높지 않았는데, 그 후 연봉이 올라 총급여액이 7천만 원을 넘어가면요?**

A 2017년 납입분까지는 이럴 때도 소득공제를 적용했지만, 2018년부터는 총급여액이 7천만 원을 넘으면 그해에는 공제를 받을 수 없게 됐습니다.

Q **해당 저축에 납입하다가 연도 중에 중도해지를 하면요?**

A 중도해지를 하게 되면 해지하기 전까지 납입한 금액은 전액 소득공제를 받을 수 없습니다. 참고로 청약통장으로 소득공제를 받은 후 중도해지할 경우 가산세가 부과된다는 점은 주의해야 합니다. 소득공제를 받으면 계좌를 5년간 유지해야 합니다. 5년 이내에 계좌를 해약하면 소득공제를 받은 금액에 6%를 곱한 금액을 추징당합니다.

다만, 분양하는 주택에 당첨되어 어쩔 수 없이 해지하는 경우에는 해지 전까지 납입한 금액에 대해 공제가 인정됩니다.

참고로 주택청약종합저축에 가입한 무주택자가 주택마련저축에 대한 소득공제를 적용받기 위해서는 연말정산 간소화 서비스를 통해 주택마련저축 납입 증명서를 회사에 제출해야 합니다. 만약 연말정산 간소화 서비스에서 확인이 되지 않는다면 저축에 가입한 금융기관을 통해 무주택 세대주라는 것을 확인하는 무주택확인서를 발급받아야 합니다. 2024년 급여액에 대한 연말정산 시 소득공제를 적용받으려면 2025년 2월 말까지 무주택확인서를 발급받으면 됩니다.

02

영끌해서 산 집, 장기주택저당차입금 이자 상환액 소득공제 놓치지 말자

◆ 장기 주택저당차입금 이자 상환액 소득공제는 직장인과 자영업자 모두를 대상으로 하는 소득공제 제도로, 1주택자만 대상이 된다.

 이 문장은 X입니다. 계속 말하지만, 사업자든 근로자든 주택 문제는 모두에게 중요하지만, 주택 관련 지출에 대한 세금 혜택은 직장인에게만 부여합니다.

대출금리가 오르기라도 하면 가슴이 답답해집니다. 또 매달 이자 지급일은 왜 이렇게 빨리 오는 걸까요? 그런데 이 대출 이자가 세금을 조금이라도 줄여줄 수 있습니다. 바로 '장기주택저당차입금 이자 상환액 소득공제'입니다. 이 주택담보대출 소득공제는 앞장에서 말한 전세자금대출 원리금 상환액에 대한 소득공제와 중요한 차이점이 하나 있습니다. 전세자금대출 소득공제는 상환하는 원금 및 이자 전액이 공제대상이지만, 주택담보대출 소득공제는 원금상환액은 공제대상이 아니고 이자 납입액만 공제대상이 된다는 사실입니다.

Q **현재 무주택자인 직장인입니다. 강남에 있는 20억 원짜리 아파트를 구입하기 위해 담보대출을 받는다면, 주택담보대출 소득공제를 받을 수 있나요?**

A 주택마련저축은 소득 제한이 있고, 전세자금대출은 국민주택규모 이하 주택을 임차하는 경우로 혜택을 제한합니다. 한마디로 주택자금공제는 서민이나 중산층이 주택 관련 비용을 지출하는 것에 대해 세제 혜택을 주는 것이라고 볼 수 있습니다. 그런 취지에 맞게 주택담보대출 소득공제는 취득 시 기준시가가 6억 원(종전에는 5억 원) 이하인 주택을 취득할 때 받는 담보대출에 대해서만 소득공제 혜택을 부여합니다. 과거에는 취득하는 주택의 면적 제한도 있었지만, 현재는 없어지고 기준시가 제한만 있습니다. 따라서 고가주택을 살 때 받는 담보대출은 다른 요건들을 모두 충족한다고 해도 공제대상에서 제외됩니다.

Q **2024년 6월에 산 집의 공시가격이 5억 8,000만 원인데, 2025년 공시가**

격이 6억 1,000만 원으로 올랐다면, 즉 공시가격이 계속 올라도 내년, 내후년에도 공제를 받을 수 있는 건가요?

A 그렇습니다. 주택 취득 당시 공시가격이 기준이므로 집을 보유하고 있는 한 계속 공제받을 수 있습니다.

Q 주택담보대출 소득공제를 받기 위해서 대출 요건은 구체적으로 어떻게 되나요?

A 간단히 정리하면, 내 명의로 주택을 사고 당연히 내 명의로 대출을 받아야 합니다. 그리고 집을 사서 등기이전을 하고 늦어도 3개월 이내에 대출을 받아야 합니다. 다시 말해 집을 살 때, 대출을 받아야만 집을 사기 위한 대출로 보고, 소득공제를 해 주겠다는 의미입니다.

Q 3년 전 아파트에 입주하면서 주택담보대출을 받았고, 이후부터 연말정산 할 때, 장기주택저당차입금 이자 상환액을 공제받고 있습니다. 그런데 올해 같은 주택을 담보로 추가로 5,000만 원을 대출받았습니다. 처음 대출 건과 이후 대출 건 모두 이자 상환액 소득공제를 받을 수 있나요?

A 다시 말하지만, 장기주택저당차입금은 주택소유권이전등기일 또는 보존등기일로부터 3개월 이내에 차입해야 소득공제를 받을 수 있습니다. 따라서 입주 시에 받은 기존 차입금에 대해서만 공제 가능합니다.

주택담보대출의 이자 상환액은 주택마련저축이나 전세자금대출처럼 대상 금액의 일부(40%)가 아닌 이자 상환액 전액을 공제대상으로 인정하지만, 한도가 있습니다. 그런데 그 한도가 상환 기간과 상환방식에 따라 한도가 달라서 복잡합니다. 다음 표를 보면 주택담보대출에 대한 소득공제는 대출 상환 기간이 최소 10년 이상이어야 적용받을 수 있다는 사실을 확인할 수 있습니다.

A: 고정금리 방식 (차입금의 70% 이상을 고정금리로 이자 지급)
B: 비거치식 분할상환방식 (차입금의 70% 이상을 차입한 다음 해부터 분할상환하는 방식)

상환 기간	상환방식	한도금액
15년 이상	A와 B 모두 만족하는 경우	2,000만 원
	A와 B 중 한 가지만 만족하는 경우	1,800만 원
	A와 B 모두 만족하지 않는 경우	800만 원
10년 이상 15년 미만	A와 B 중 한 가지 이상 만족하는 경우	600만 원

여기서 한도는 주택담보대출 이자 상환액의 한도가 아니라 주택마련저축 납입액과 전세자금대출 원리금 상환액 소득공제 금액까지 모두 합한 금액의 한도입니다.

예를 들어 상환 기간이 15년이고 고정금리에 비거치식 분할상환 방식의 대출을 받았다고 합시다. 이때 한도금액은 2,000만 원이 됩니다. 만약 주택마련저축과 전세자금대출 관련 소득공제액의 합계가 500만 원이라면 공제 한도 400만 원에 걸리므로 두 가지 소득공제액의 합계액은 400만 원이 되고, 이 경우에는 결국 주택담보대출로 인한 소득공제의 한도액은 1,600만 원이 됩니다. 다시 말해 총 한도액은 2,000만 원이지만 이미 앞의 두 공제항목으로 400만 원을 채웠으니 남은 한도는 1,600만 원인 것입니다.

Q **주택담보대출을 받아서 주택을 구입하고 소득공제 혜택을 받았는데, 실제 그 집에 살고 있지 않으면 어떻게 되나요?**

A 세대주라면 소득공제가 적용되는 대출로 구입한 주택에 꼭 살아야 한다는 조건은 없습니다. 하지만 세대주가 아닌 세대원인 직장인이 소득공제를 받았다면 소득공제를 받은 그 세대원이 반드시 해당 주택에 실제 거주해야 소득공제가 적용됩니다.

만약 2주택 상태라면 일시적이어야 합니다. 기존에 살던 집을 팔고 새집을 사서 그곳으로 이사 가는 과정에서 잠시 2주택 상태를 인정해 주는 것뿐입니다. 그러므로 연도 중에 잠시 2주택인 것은 봐주지만 12월 31일 현재는 반드시 1주택자여야 합니다. 다음 표를 참고합시다.

구분	세대주	비세대주 (세대 구성원)
1주택 소유	주택 거주 여부와 상관없이 공제한다.	본인이 실제 거주해야 한다.
2주택 이상 소유	과세기간 종료일 현재 2주택 이상 보유하고 있는 경우 이 공제를 적용하지 않는다.	

Q 2019년 공시가격 4억 5,000만 원 아파트를 사고 주택담보대출을 받았으나 공제를 받지 못했습니다. 지금이라도 5년 치를 다시 돌려받을 수 있나요?

A 그렇습니다. 다만 1월에 하는 연말정산이 아닌, 5월 31일 전까지 홈택스에서 종합소득세 경정청구를 해서 돌려받아야 합니다. 이때 주의할 점이 있습니다. '집값 6억 원 이하' 기준은 2024년 1월 1일부터 취득한 주택에 해당합니다. 연도별로 공시가격 기준금액이 달라 확인해야 합니다. 참고로 2019년부터 2023년 취득한 주택은 공시가격 5억 원 이하여야 담보대출 이자 공제가 가능합니다.

03

취득세는 언제,
얼마를 내야 하나?

◆ 내 집 마련이 처음이라면, 6억 원 이하 집을 살 때 취득세율은 1%다.

이 문장은 O입니다. 1세대 1주택자의 기본적인 취득세율은 1%입니다. 다만 1세대 1주택이라도 취득가격이 6억 원을 초과하는 경우부터 9억 원 이하까지는 1.01% ~ 3%까지 200개 구간으로 세율이 세분화해 있습니다. 그리고 주택 취득가격 9억 원부터는 일괄적으로 3%씩 취득세를 부담해야 합니다.

Q 집을 사고 나면 어떤 세금을 관리하고 내야 하는가요?

A 부동산을 사게 되면 취득세라는 세금을 내야 합니다. 취득세는 매매나 신축, 교환, 상속, 증여 등의 방법으로 부동산의 소유권을 가질 때 내는 세금입니다. 쉽게 말해 "내가 이 집 주인이다!"라고 공식적으로 신고를 하면서 부동산의 소재지가 속한 시청, 군청 혹은 구청에 취득세를 내는 것입니다.

취득세는 부동산을 취득한 날부터 60일 이내에 내야 합니다. (늦게 내면 무신고가산세와 납부불성실가산세 같은 가산세가 붙으니 기간을 꼭 지켜야 합니다.) 취득세는 분납이 아닌 전액을 한꺼번에 내는 것이 원칙입니다. 또 취득세 신고를 제대로 하지 않으면, 미납세액의 20%가 가산세로 부과됩니다.

그런데 취득세의 부과 시점을 결정하는 취득 시기는 상황에 따라 차이가 있습니다. 먼저 일반적인 유상매매는 계약상의 잔금 지급일이 취득 시기가 됩니다. 만약 잔금 지급일이 명시되지 않았다면 계약일부터 30일이 경과되는 날이 기준일이 됩니다.

그리고 증여는 증여일 (증여 계약서를 작성한 날), 상속은 피상속인이 사망한 날 (상속개시일)을 기준으로 취득 시기가 정해집니다.

Q 취득일 전에 등기부터 하면 어떻게 되나요?

A 취득일 전에 등기한 경우에는 등기일이 취득 시기가 됩니다. 잔금의 지급 여부와 상관없이 소유권이 이전되었으므로, 그 시기를 앞당겨 정하

게 됩니다.

참고로 재건축이나 재개발 조합원이 취득한 아파트의 취득 시기는 위의 경우와 조금 다릅니다. 조합원은 자신의 헌 집을 헐고 새집을 짓는 개념이므로, 보통 집이 완공된 시점을 기준으로 정해집니다. 그런데 조합원이 아닌 분양자는 신축이 아니라 돈을 주고 사는 것이기에 원칙적으로 잔금지급일 (정산일)이 취득 시기가 됩니다.

Q **취득세 계산은 어떻게 하나요?**

A 취득세의 과세표준은 취득 당시의 가액을 기준으로 삼습니다. 매매와 같은 유상취득은 취득가격을 적용하지만, 특수관계인 사이의 거래로 취득세를 부당하게 줄이는 때에는 '시가인정액'을 과세표준으로 삼습니다. 시가인정액은 해당 물건의 유사 매매사례 가격이나 감정가격 등을 말합니다. 증여와 상속 취득의 과세표준은 원칙적으로 시가인정액을 적용하지만 이를 산정하기 어렵다면 정부의 공시가격인 '시가표준액'을 적용합니다.

매매 등으로 유상취득한 주택의 취득세율은 1~12%에 이릅니다. 세율 구조는 2019년까지는 과세표준 금액별로 1%, 2%, 3%의 단일세율이 적용됐지만, 2020년부터 6억~9억 원 세율 구간이 기존의 2%에서 1~3%로 세분화했습니다. 또 2020년 8월12일부터 다주택자에 대한 중과세(8%·12%)가 도입돼 2025년 현재까지 이르고 있습니다. 취득세 표준세율은 다음과 같습니다.

취득유형	과세표준	세율	
		85㎡ 이하	85㎡ 초과
신규분양에 의한 취득	분양가	1.1 ~ 3.3%	1.3 ~ 3.5%
유상매매에 의한 취득	실거래가	상동	상동
경매에 의한 취득	낙찰가격	상동	상동
증여에 의한 취득	기준시가	3.8%	4.0%
상속에 의한 취득	기준시가	2.96%	3.16%
신축에 의한 취득	총 공사금액	2.96%	3.16%

• 85㎡ 이하 주택에 대해서는 농어촌특별세가 비과세

1세대 1주택자의 기본적인 취득세율은 1%입니다. 집이 없는 사람이 주택 1채를 3억 원에 구입했다면 주택가격의 1%인 300만 원을 취득세로 내야 합니다. 다만 1세대 1주택이라도 취득하는 주택가격이 6억 원이 넘는 경우부터는 취득세율이 오르게 됩니다. 취득가격이 6억 원을 초과하는 경우부터 9억 원 이하까지는 150만 원당 0.1%씩 세율이 더해져서 1.01% ~ 3%까지 200개 구간으로 세율이 세분화해 있습니다. 6억 원은 1%, 6억200만 원은 1.01%의 세율이 적용됩니다. 주택 취득가격 9억 원부터는 일괄적으로 3%씩 취득세를 부담해야 합니다.

증여로 취득할 때는 3.5%의 세율이 적용되고 상속 취득세는 2.8%입니다. 다만 무주택자가 주택을 상속을 받은 때는 0.8%의 세율을 적용합니다. 이때 피상속인(부모)의 사망일을 기준으로 무주택 여부를 판단하고 주택을 상속받는 상속인과 세대별 주민등록표에 함께 기재돼 있는 가족 모두가 무주택이어야 합니다. 하지만 조정대상지역 내 3억 원 이상 주택을 증여 또는 상속 취득(무상취득)하면 주택 보유 수와 상관없이 무조건 12%의 최고세율이 적용됩니다.

취득세 중과세율은 상당히 높습니다. 1~3%인 일반세율보다 최고 12배 높습니다. 1주택자가 조정대상지역 주택을 한 채 더 사면 8%의 취득세율이 적용됩니다. 물론 이사를 위한 일시적 2주택인 경우 1주택 세율 (1~3%)가 적용됩니다. 이때 종전 주택의 매각 시한은 2023년 1월 12일부터 2년에서 3년으로 연장됐습니다. 취득세의 일시적 2주택 특례는 양도소득세의 특례와는 차이가 있습니다. 종전 주택을 3년 이내에 처분만 하면 되지, 새 주택을 종전 주택 취득 1년 후에 취득하거나 종전 주택을 2년 이상 보유하지 않아도 된다는 말입니다.

세 번째 주택을 취득하면 조정대상지역이라면 12%, 비조정대상지역인 경우 8%의 세율이 적용됩니다. 4주택 이상은 지역 불문하고 12% 중과세됩니다. 다음 표를 참고합시다.

취득세	유상취득				무상취득 (3억 이상)
	1주택	2주택	3주택	4주택~법인	
조정대상지역	1~3%	8%	12%	12%	12%
비조정대상지역	1~3%	1~3%	8%	12%	3.5%

　참고로 주택 수에 상관없이 중과세에서 제외되는 주택도 있습니다. 해당 요건은 시가표준액(공시가격) 1억 원 이하의 주택은 중과세 대상에서 제외됩니다. 따라서 2주택자가 시골의 1억 원 이하 주택을 새로 취득하면 최저세율 1%를 적용한다는 것입니다. 하지만 이때 재개발·재건축 대상 지역으로 고시된 곳에 소재한 주택은 제외됩니다.

04

취득세, 최대 550만 원
감면받을 수 있다

◆ 전세를 끼고 산 '갭투자'는 생애최초 취득세 특례를 적용받을 수 없다.

 이 문장은 X입니다. 1년 이내 임대차 기간이 남아있는 주택을 생애 최초로 구매한 경우 임대차 기간이 종료된 후 전입신고를 하고 계속 거주하면 취득세를 감면받을 수 있습니다. 하지만 임차인의 계약갱신권 사용 등으로 잔여 임대차 기간이 1년이 넘거나 신규 전세를 포함한 경우 감면을 받지 못합니다.

집을 살 때, 흔히 시세 얼마짜리라고 하면 필요 자금이 딱 그만큼만 들 것 같지만, 그보다 더 준비해야 합니다. 취득세, 공인중개사 비용, 법무사 비용, 이사 비용에 인테리어 비용 등이 적지 않게 들기 때문입니다. 이 모두를 고려하지 않으면 막상 일이 닥쳤을 때 목돈 마련이 곤란할 수 있습니다. 그중에서도 취득세 비중은 단연 큽니다. 구체적으로 따지면 지방교육세, 농어촌특별세 등이 더해져 부과됩니다. 통상 이를 통틀어 취득세로 부릅니다.

앞장에서 본 내용을 다시 복습하면 취득세 과세표는 취득 당시의 가액을 기준으로 삼습니다. 매매와 같은 유상취득은 취득가격을 적용하지만, 특수관계인 사이의 거래로 취득세를 부당하게 줄이는 때에는 '시가인정액'을 과세표준으로 삼습니다. 여기서 시가인정액은 해당 물건의 유사 매매사례 가격이나 감정가격 등을 말합니다. 증여와 상속 취득의 과세표준은 원칙적으로 시가인정액을 적용하지만 이를 산정하기 어렵다면 정부의 공시가격인 '시가표준액'을 적용합니다.

매매 등으로 유상취득한 주택의 취득세율은 1~12%에 이릅니다. 세율 구조는 2019년까지는 과세표준 금액별로 1%, 2%, 3%의 단일세율이 적용됐지만, 2020년부터 6억 ~ 9억 원 세율 구간이 기존의 2%에서 1~3%로 세분화했습니다. 또 2020년 8월12일부터 다주택자에 대한 중과세(8%·12%)가 도입돼 2025년 2월 현재까지 이르고 있습니다. 취득세 표준세율은 다음과 같습니다.

취득유형	과세표준	세율	
		85 ㎡ 이하	85 ㎡ 초과
신규분양에 의한 취득	분양가	1.1 ~ 3.3%	1.3 ~ 3.5%
유상매매에 의한 취득	실거래가	상동	상동
경매에 의한 취득	낙찰가격	상동	상동
증여에 의한 취득	기준시가	3.8%	4.0%
상속에 의한 취득	기준시가	2.96%	3.16%
신축에 의한 취득	총 공사금액	2.96%	3.16%

가령 5억 원 아파트를 구매하면 1주택자 취득세율은 1%(6억 원 이하)로 책정됩니다. 지방교육세는 해당 취득세율 수치에 50%를 곱하고, 거기에 다시 20%를 곱해 계산합니다. 결과적으로 0.1%입니다. 금액으로 따지면 10분의 1이 됩니다. 또 농어촌특별세는 '국민 평형(전용면적 85㎡)이하' 아파트라면 비과세 됩니다. 따라서 취득세(500만 원), 지방교육세(50만 원)를 합쳐 550만 원을 최종 세금으로 내게 됩니다.

그렇다면 아파트값이 10억 원일 땐 어떨까요. 9억 원을 초과하므로 3% 취득세율이 적용된 3,000만 원이 취득세로 책정됩니다. 지방교육세는 역시 그 10분의 1인 0.3% 세율로 부과돼 300만 원이 됩니다. 국민 평형 이하 주택을 기준으로 하면 총 3,300만 원의 세 부담을 지게 됩니다.

만약 국민 평형 이상 아파트라면 농어촌특별세 0.2%를 내야 합니다. 결과적으로 총 취득세로 각각 650만 원, 3,500만 원의 세금을 내야 합니다.

하지만, 생애 최초로 주택을 매입할 땐 취득세를 일부 경감받을 수 있는 법적 혜택이 마련돼 있습니다. 지난 2020년 8월 12일 청년 주거층 지원 및 서민 실수요자 부담을 덜기 위한 목적으로 생애최초 취득자 취득세 경감 정책이 나왔습니다. 당시엔 '부부합산소득 7,000만 원 이하' 라는 소득요건이 있어 실제 그 혜택을 받을 수 있는 인원이 많지 않았습니다. 그러나 2023년 3월 14일 법 개정으로 해당 요건이 삭제되면서 적용 범위가 확대됐습니다. 취득가액 역시 12억 원 이하로 완화됐습니다. 무엇보다 2022년 6월 21일 이후부터 취득하는 건부터 소급적용을 허용했습니다. 이미 납부했다면 환급신청을 통해 돌려받을 수 있게 했습니다.

구체적인 조건은 취득일로부터 3개월 이내에 전입신고하고 상시 거주해야 합니다. 3개월 이내에 추가로 주택을 취득하거나, 상시 거주한 지 3년 미만인 상태에서 매각·증여·임대하면 안 됩니다. 감면받은 취득세가 나중에라도 추징되기 때문입니다. (참고로 취득세 감면 특례 대부분은 한시적 제도라는 특징이 있습니다. 생애 최초 취득세 특례는 2025년 말까지입니다.) 다음 표를 참고합시다.

감면액	최대 200만 원
조건	1. 생애 첫 주택 취득 (본인 및 배우자 모두 주택 취득 사실이 없는 무주택 가구) 예외: 상속주택 지분 보유 후 모두 처분한 경우, 비도시지역 내 20년 초과 혹은 85㎡ 이하 단독주택, 상속주택에 거주하다가 처분한 경우, 시가표준 100만 원 이하 주택 보유 후 처분한 경우 2. 주택 취득가액 12억 원 이하 3. 취득 후 90일 이내 전입신고 및 상시 거주 (예외: 1년 이내 임대차 기간이 남아 있는 주택) 4. 취득(감면) 후 90일 이내 다른 주택 취득 불가 5. 취득 후 3년 이내 임대, 증여, 매도 불가

Q 그럼 취득세를 얼마나 감면받을 수 있는 건가요?

A 위 사례에서 똑같이 시세 5억 원, 10억 원 아파트를 구입 시 이 제도를 이용하면 두 사례 모두에서 220만 원씩 취득세를 절감할 수 있습니다. 5억원 아파트 취득 시 취득세는 200만 원 한도 내에서 전액 면제되기 때문에 300만 원이 되고, 지방교육세도 덩달아 30만 원이 됩니다. 다음 표를 참고합시다.

아파트 구입 시 취득세 비교

구분	5억 원 아파트	
	일반 취득 시	생애최초 취득 시
취득세율	1%	
취득세	500만 원	300만 원 (500만 원 - 200만 원)
지방교육세	50만 원	30만 원
농어촌특별세	비과세	
총 세금	550만 원	330만 원

만약 10억 원 아파트라면 취득세가 3,000만 원에서 2,800만 원으로 줄면서 지방교육세도 280만 원이 돼 총 부담은 3,080만 원으로 줄어듭니다.

그리고 2024년부터 자녀를 출생할 경우 출산일로부터 5년 내(또는 출산 전 1년 이내 주택 취득한 경우 포함), 12억 원 이하인 주택을 사면 취득세에서 최대 550만 원을 감면받을 수 있습니다. 2024년 1월1일부터 2025년 12월 31일까지 자녀를 출산한 부모와 해당 자녀가 대상입니다. 5억 원 아파트라면 취득세를 500만 원 감면받아 아예 안 내고 되고, 10

억 원 아파트라면 취득세(2,500만 원), 지방교육세(250만 원)를 합산해 2,750만 원만 내면 됩니다.

신생아 취득세 감면 혜택 역시 실거주 조건이 붙습니다. 취득일(또는 출산일)로부터 3개월 이내에 전입신고하고 상시 거주하지 않거나, 상시 거주한 지 3년 미만인 상태에서 매각·증여·임대하는 경우 혜택을 반납해야 합니다. 다음 표를 참고합시다.

감면액	최대 500만 원
조건	2024년 1월 1일 ~ 2025년 12월 31일, 자녀 출산 후 5년 이내 주택 취득 2. 취득 후 1년 이내 출산해 양육한 세대 3. 2024년 1월 1일 이후 취득한 주택 4. 주택 취득 시 1가구 1주택에 해당 5. 주택가액 12억 원 이하 6. 취득 후 90일 이내 전입신고 및 상시 거주 (예외: 1년 이내 임대차 기간이 남아있는 주택) 7. 취득(감면) 후 90일 이내 다른 주택 취득 불가 8. 취득 후 3년 이내 임대, 증여, 매도 불가

Q 전세를 끼고 산 '갭투자'도 취득세를 감면받을 수 있나요?

A 두 가지 경우로 구분할 수 있습니다. 곧 만료될 전세가 들어있는 매물을 계약했다면 감면 가능합니다. 1년 이내 임대차 기간이 남아있는 주택을 생애 최초로 구매한 경우 임대차 기간이 종료된 후 전입신고를 하고 계속 거주하면 됩니다.

하지만 임차인의 계약갱신권 사용 등으로 잔여 임대차 기간이 1년이 넘거나 신규 전세를 포함한 경우 감면을 받지 못합니다. 따라서 전세로 잔금을 치르고 2년 뒤 입주해 실거주할 생각으로 잔금일에 맞춰 세입자를 구했다면, 첫 내 집 마련인데도 불구하고 생애최초, 신생아 취득세 감면을 모두 받지 못합니다.

Q 법무사 없이 '셀프 등기'한 사람은 어떨까요?

A 일반적으로 법무사를 고용해 등기와 세금신고를 위임합니다. 그런데 매수자가 직접 하면 10억 원 거래 시 100만 원이 훌쩍 넘는 법무 비용을 아낄 수도 있습니다. 이 경우 역시 절차만 잘 챙기면 취득세를 감면받을 수 있습니다.

매매계약서와 부동산거래신고필증, 주민등록등본, 가족관계증명서 등 서류를 챙겨 관할 구청 세무과에 방문 신고하면 됩니다. 서울 부동산은 이택스(ETAX), 서울을 포함한 전국 부동산은 위택스(WETAX)에서 인터넷 신고도 할 수 있습니다. 생애최초나 신생아 주택 구입 취득세 감면신청서는 관할 구청이나 ETAX, WETAX 홈페이지에서 손쉽게 내려받을 수 있습니다.

여기서 잠깐! 비아파트 소형주택을 난생처음 구매한 사람은 최대 300만 원까지 취득세를 감면받을 수 있습니다. 2024년 8·8 대책에서 빌라 같은 비아파트 시장 활성화를 위해 더해진 세 감면 지원책입니다. (정부는 우선 2025년까지 감면 후 2년 연장을 추진할 계획입니다.) 대상 소형주택은 전용 60㎡ 이하, 취득가격 3억 원(수도권 6억 원 이하) 다가구·연립·다세대·도시형생활주택입니다. 모두 실거주 요건은 같고, 각 감면을 중복해서 받을 수는 없습니다. 다음 표를 참고합시다.

감면액	최대 300만 원
조건	1. 아파트를 제외한 연립 · 다세대주택, 다가구주택, 도시형생활주택 2. 전용 60㎡ 이하 3. 주택가액 수도권 6억 원, 비수도권 3억 원 이하 4. 2025년 취득한 주택 5. 취득 후 90일 이내 전입신고 및 상시 거주 (예외: 1년 이내 임대차 기간이 남아있는 주택) 6. 취득(감면) 후 90일 이내 다른 주택 취득 불가 7. 취득 후 3년 이내 임대, 증여, 매도 불가

참고로 경기도의 경우 소재 4억 원 이하 주택을 생애 최초로 구입한 사람은 최대 440만 원(취득세와 지방교육세 등 4억 원의 1.1%)을 아낄 수 있습니다. 경기도는 직전 연도 합산소득이 1억 원 이하이고 1명 이상의 자녀를 둔 부부가 4억 원 이하 주택을 구매하면 취득세 전액을 면제하고 있습니다.

05

6월 1일을 기억하자

◆ 집을 파는 사람은 6월 1일 전에 팔고, 집을 사는 사람은 6월 1일 이후에 사야 한다. 그 이유는 재산세를 부과할 때 1년 중에 며칠 동안 부동산을 보유하고 있었는지 따지는 게 아니라, 매년 6월 1일 현재 그 부동산의 소유자인 사람에게 1년 치의 재산세를 부과하기 때문이다.

이 문장은 O입니다. 재산세 납부는 매년 7월과 9월이지만, 그 과세기준일은 매년 6월 1일입니다. 1년 중에 며칠 동안 부동산을 보유하고 있었는지 따지는 게 아니라, 매년 6월 1일 현재 그 부동산의 소유자인 사람에게 1년 치의 재산세를 부과합니다. 따라서 재산세를 절세하려면 집을 파는 사람은 6월 1일 전에 팔고, 집을 사는 사람은 6월 1일 이후에 사야 합니다.

Q 연도 중에 매매해서 부동산의 소유권이 바뀌게 되면, 그 재산에 대한 1년 치의 보유세 (재산세와 종합부동산세)는 누가 내야 하나요?

A 보유세인 재산세와 종합부동산세는 특정 시점에 그 부동산을 보유하고 있는 사람이 1년 치의 세금을 모두 내야 합니다. 그러므로 부동산을 사고파는 시점이 중요합니다.

토지에 대한 재산세는 매년 9월, 일반건축물에 대한 재산세는 매년 7월, 주택에 대한 재산세는 매년 7월과 9월에 반반 나뉘어 부과됩니다. 그리고 종합부동산세는 매년 12월에 관할 세무서장이 해당 납세자에게 고지서를 발부해 징수합니다.

이런 보유세 납부는 매년 7월과 9월, 12월이지만, 그 과세기준일은 매년 6월 1일입니다. 1년 중에 며칠 동안 부동산을 보유하고 있었는지 따지는 게 아니라, 매년 6월 1일 현재 그 부동산의 소유자인 사람에게 1년 치의 보유세를 부과합니다. 그러므로 보유세를 절세하려면 부동산을 파는 사람은 6월 1일 전에 팔고, 부동산을 사는 사람은 6월 1일 이후에 사야 합니다.

Q 그렇다면 부동산을 거래할 때 소유권이 이전되는 시점은 언제로 보나요?

A 대부분 부동산을 거래할 때는 계약금과 중도금, 잔금으로 대금을 나누어 주고받는데, 세법에서는 원칙적으로 잔금을 주고받은 날을 소유권이 이전된 날로 판단합니다.

Q 잔금을 치르기 전에 소유권이전등기를 하면 어떻게 되나요?

A 그런 경우에는 등기 접수일을 소유권이 이전된 날로 봅니다. 그러므로 부동산을 사는 사람은 매매계약은 6월 1일 전에 하더라도 잔금 지급일과 소유권이전등기는 6월 1일 이후에 해야 그해의 보유세는 피할 수 있습니다.

참고로 상속으로 인한 소유권 이전 시기는 상속개시일(피상속인의 사망일), 증여의 경우에는 증여 계약일이 아닌 증여등기 접수일을 소유권 이전 시기로 봅니다.

Q 아파트를 6월 2일에 팔았는데, 재산세를 내야 하나요?

A 계속 말하지만, 재산세의 납세의무자는 과세기준일(6월 1일) 현재의 소유자입니다. 6월 2일에 매도했다면, 매도인이 납세의무자가 됩니다. (이때의 소유자는 잔금지급일과 등기 접수일 중 빠른 날을 기준으로 결정합니다.)

Q 8월에 집을 팔았는데, 9월에 고지서가 날아왔습니다.

A 재산세는 6월 1일 현재 소유자에게 7월과 9월 2회에 걸쳐 나눠 부과됩니다. 7월에 주택 전체세액의 50%와 건축물에 대한 재산세가 부과되고, 9월에는 주택 전체세액의 나머지 50%와 토지에 대한 재산세가 부과됩니다. 6월 1일에 소유했던 주택의 재산세는 모두 해당 소유자가 납세자입니다.

Q 10월에 집을 팔았는데, 이미 낸 재산세 환급이 되나요?

A 다시 강조하지만, 재산세는 6월 1일 현재 소유자에게 부과하는 것으로 일할계산해서 부과하거나 환급하지는 않습니다.

Q 5월에 분양받아 등기 안 된 아파트도 재산세를 내야 하나요?

A 공부에 등재되지 않아도 사실 현황에 따라 재산세가 부과됩니다. 취득 시기인 잔금지급일과 등기 접수일 중 빠른 날이 6월 1일에 해당하면 그 소유자가 납세의무자가 됩니다.

Q 6월 1일 이전에 집을 매매하고 잔금을 받았는데 아직 매수인이 이전등 기를 하지 않아 재산세 고지서가 저에게 날라왔습니다. 이런 경우는 어 떻게 해야 하나요?

A 재산의 소유권 변동 또는 과세대상 재산의 변동 사유가 발행하였으나 과세기준일(6월 1일)까지 그 등기 및 등록이 되지 아니한 재산의 공부 상 소유자는 과세기준일(6월 1일)부터 15일 이내에 주택 소재지를 관 할하는 지방자치단에의 장에게 증거자료를 갖추어 신고하면 됩니다. 증거자료는 잔금 입금내역이나 매매계약서를 챙기면 됩니다.

06

1세대 1주택자라면
재산세 특례세율을 적용받는다

◆ **주택 1채만 보유하고 있는 1세대 1주택자는 구간별로 0.05%p 낮은 세율을 적용받는다.**

이 문장은 X입니다. 공시가격 9억 원 이하인 주택 1채만 보유하고 있는 1세대 1주택자는 구간별로 0.05%p 낮은 세율을 적용받습니다. 하지만, 공시가격 9억 원 초과 주택은 1세대 1주택이더라도 다주택과 마찬가지로 0.1~0.4% 세율로 재산세를 부담해야 합니다.

주택 재산세는 주택의 공시가격을 기준으로 부과됩니다. 2021년부터는 1세대 1주택자에 한해 특별히 낮은 재산세율을 적용하고 있습니다. 바로 1세대 1주택 특례세율이라고 합니다.

주택 재산세는 공시가격의 60%인 과세표준을 4개 구간으로 나눠서 구간별로 0.1%~0.4%의 재산세율을 곱해서 산출하도록 설계돼 있습니다.

구체적으로 살펴보면 공시가격 기준으로 1억 원 이하는 0.1%, 1억 ~2억5,000만 원 이하는 0.15%, 2억5,000만 원~5억 원 이하는 0.25%, 5억 원 초과는 0.4% 세율을 적용합니다.

그런데 공시가격 9억 원 이하인 주택 1채만 보유하고 있는 1세대 1주택자는 구간별로 0.05%p 낮은 세율을 적용합니다. 다시 말해 구간별로 0.05%, 0.1%, 0.2%, 0.35% 세율을 곱해서 계산하는 것입니다. (단, 공시가격 9억 원 초과 주택은 1세대 1주택이더라도 다주택과 마찬가지로 0.1~0.4% 세율로 재산세를 부담합니다.)

〈 표준세율과 특례세율 비교 〉

과표	표준세율 (공시가 9억 초과 · 다주택자 · 법인)	특례세율 (공시가 9억 이하 1주택자)
0.6억 이하	0.1%	0.05%
0.6~1.5억 이하	6만 원+0.6억 초과분의 0.15%	3만 원+0.6억 초과분의 0.1%
1.5~3억 이하	19.5만 원+1.5억 초과분의 0.25%	12만 원+1.5억 초과분의 0.2%
3~5.4억 이하	57만 원+3억 초과분의 0.4%	42만 원+3억 초과분의 0.35%
5.4억 초과		-

Q 다주택자가 주택을 모두 처분하고 1세대 1주택자가 되면 특례세율을 적용받을 수 있나요?

A 2주택자나 3주택 이상의 다주택자라 하더라도 보유 주택을 팔고(등기 이전 완료) 6월 1일 기준일에 1주택만 보유하고 있다면, 1세대 1주택 특례를 적용받을 수 있습니다. 이때 1세대 1주택 기준 역시 6월 1일 기준 세대별 주민등록표에 함께 기재돼 있는 가족 모두가 1주택만 소유하고 있는 경우를 말합니다.

07

양도소득세는
언제, 얼마를 내야 하나?

◆ 장기보유특별공제란 단어 그대로 주택을 오래 보유한 사람에게 세제 혜택을 주는 것이다. 구체적으로 연 2%씩 10년 보유 시 최대 20%까지 공제가 된다.

이 문장은 X입니다. 장기보유특별공제란 단어 그대로 주택을 오래 보유한 사람에게 세제 혜택을 주는 것입니다. 구체적으로 연 2%씩 15년 보유 시 최대 30%까지만 공제되는 일반공제가 적용됩니다.

양도소득세를 신고할 때 전문 지식을 갖춘 세무사에게 대행을 맡기는 게 일반적이지만, 단순한 계산이라면 수십만 원씩 수수료를 내고 대행을 의뢰하지 않고 스스로 계산해 신고할 수도 있습니다. 양도소득세 계산 애플리케이션을 이용해 직접 신고해도 되고, 국세청 홈택스의 모의계산 프로그램도 참고할 만합니다. 또 세무서를 직접 방문해 양도소득세를 예정 신고하면 간단한 오류 정도는 수정하도록 안내받을 수도 있습니다.

내가 직접 양도소득세 신고에 도전하겠다면 양도소득세 계산 구조부터 이해해야 합니다. 먼저 양도차익(시세차익)부터 알아야 합니다. 다음처럼 양도가격에 취득가격을 뺀 것이 바로 양도차익입니다. 취득가격에는 필요경비도 포함합니다. 부동산중개수수료나 취득세, 그리고 수선비 등이 포함됩니다.

- 양도차익 = 양도가격 - 취득가격 (필요경비 포함)

이렇게 구한 양도차익에서 다음과 같이 장기보유 특별공제금액과 기본공제를 뺍니다. 이것이 바로 과세표준입니다.

- 과세표준 = 양도차익 - 장기보유특별공제 - 기본공제

장기보유특별공제란 단어 그대로 주택을 오래 보유한 사람에게 세제 혜택을 주는 것입니다. 구체적으로 연 2%씩 15년 보유 시 최대 30%

까지만 공제되는 일반공제가 적용됩니다. 다음 표를 참고합시다.

장기보유특별공제율

기간	3년 이상	4년 이상	5년 이상	6년 이상	7년 이상	8년 이상	9년 이상	10년 이상	11년 이상	12년 이상	13년 이상	14년 이상	15년 이상
공제율 (%)	6	8	10	12	14	16	18	20	22	24	26	28	30

참고로 미등기 양도 시 (등기이전 안 한 경우), 해외 소재 부동산인 경우, 다주택자가 조정대상지역 내 부동산을 처분하는 경우에는 장기보유특별공제를 적용받을 수 없습니다. 이어 기본공제는 보유 기간, 과세대상에 상관없이 연 250만 원 공제됩니다. 만약 부부 공동명의라면 각각 250만 원씩, 500만 원이 공제 가능합니다.

이렇게 구한 과세표준에 다음과 같이 세율을 곱하면 양도소득세가 계산됩니다.

종합소득세 누진공제표

과세표준	세율	누진공제액
1,400만 원 이하	6%	
1,400만 원~5,000만 원 이하	15%	126만 원
5,000만 원~8,800만 원 이하	24%	576만 원
8,800만 원~1억 5천만 원 이하	35%	1,544만 원
1억 5천만 원~3억 원 이하	38%	1,994만 원
3억 원~5억 원 이하	40%	2,594만 원
5억 원~10억 원 이하	42%	3,594만 원
10억 원 초과	45%	6,594만 원

- 양도소득세 = 과세표준 × 세율

과세표준이 6천만 원이라 가정하고 양도소득세를 계산해봅시다. 다음 두 가지 방식으로 계산 가능하며 결과는 같습니다. 실무적으로는 2번의 방법을 주로 사용합니다.

1. 구간별 합산: 1,400만 원 × 6% + (5,000만 원 – 1,400만 원) × 15% + (6,000만 원 – 5,000만 원) × 24% = 864만 원

2. 누진공제표: 6,000만 원 × 24% – 576만 원(누진공제액) = 864만 원

Q 다음과 같은 주택을 양도했습니다. (이 주택은 조정대상지역에 있지 않고, 비과세를 적용받지 못한다고 가정합니다.)
- **거래 일자 - 취득일 (2018년 12월), 양도일 (2024년 6월)**
- **취득가액 - 3억 원 (필요경비 포함)**
- **양도가액 - 5억 원**

A 양도소득세 과세표준을 구하려면 다음과 같은 과정을 거쳐야 합니다.

1. 양도차익	양도가액 - 취득가액 - 필요경비	
2. 양도소득 금액	양도차익 - 장기보유특별공제액	장기보유특별공제액 = 양도차익 × 장기보유특별공제율
3. 과세표준	양도소득금액 - 기본공제	

먼저 양도차익을 구해야 합니다. 한 번 더 복습하면 양도차익은 집을 팔아 번 수익입니다. 다음과 같이 양도가액에서 취득가액과 필요경비로 들어간 비용을 차감해 계산합니다.

- 양도차익 = 양도가액 - 취득가액 (필요경비 포함) = 5억 원 - 3억 원 = 2억 원

이제 장기보유특별공제를 적용해 다음과 같이 양도소득금액을 계산합시다. 5년 이상 보유했으므로 장기보유특별공제는 10%(2% × 5년)가 적용됩니다.

- 양도소득금액 = 양도차익 - 장기보유특별공제 = 2억 원 - 2천만 원 (2억 원 × 10%) = 1억8,000만 원

이제 다음처럼 기본공제를 차감해 과세표준을 구합니다.

- 과세표준 = 양도소득금액 - 기본공제 = 1억 8,000만 원 - 250만 원 = 1억 7,750만 원

이제 과세표준에 세율을 곱하면 됩니다.

- 양도소득세 = 과세표준 × 세율 - 누진공제 = 1억 7,750만 원 ×

38% - 1,994만 원 = 4,751만 원

이렇게 계산한 양도소득세는 양도일이 속하는 달의 말일로부터 2개월 내 양도인의 주소지 관할 세무서에 의무적으로 신고, 납부를 해야 합니다. 이를 제대로 이행하지 않으면 가산세가 부과됩니다. 최종적으로 납부해야 하는 양도소득세는 다음과 같습니다.

- 양도소득세 - 4,751만 원
- 지방소득세 - 475만 1,000원 (양도소득세의 10%)
- 납부할 세금 - 5,226만 1,000원

참고로 양도소득세 신고 시 제출할 서류는 취득 및 양도 시 매매계약서, 필요경비 입증서류, 감면 입증서류 등이 있습니다.

08

1세대 1주택자는
양도소득세가 비과세된다

◆ 양도소득세 비과세 혜택을 계획하고 집을 샀지만, 1주택자가 부득이한
사유로 2년 보유 및 거주요건을 채우지 못할 때 구제하는 제도가 있다.
단 이때에도 최소 1년은 거주해야 2년 보유·거주 요건의 특례가 인정
된다.

이 문장은 O입니다. 소득세법 시행령 154조는 '1년 이상 거주
한 주택을 취학, 근무상의 형편, 질병의 요양, 그 밖에 부득이한
사유로 양도하는 경우 보유·거주 기간을 적용하지 않는다'고
규정하고 있습니다.

1주택 비과세 제도는 복잡한 세법치고는 비교적 간단한 제도이지만, 제대로 몰라서 놓칠 수 있는 있어 주의가 필요합니다. 참고로 우리나라 주택을 소유한 가구 중 75% 정도가 1주택을 소유하고 있습니다.

1세대 1주택자는 양도소득세가 비과세됩니다. 다시 말해 양도소득세를 한 푼도 내지 않아도 됩니다. 따라서 집값 상승에 따른 이익 전부를 고스란히 내 주머니로 가져가는 것입니다. (단 양도가액이 12억 원을 초과하는 경우 초과한 양도차익은 비과세 되지 않습니다.)

Q 직장인이며 양산에 제 명의로 된 주택을 1채 가지고 있습니다. 그 집은 2년 이상 전세를 주고 저는 부모님집에 부모님과 함께 살고 있습니다. 이런 상황에서 양산에 있는 집을 팔면 양도세가 부과되나요? 비과세를 적용받으려면 어떻게 해야 하나요?

A 주택을 팔면서 양도소득세를 내지 않으려면 '1세대가 1주택을 2년 이상 보유'해야 합니다. 2017년 8월 3일 이후 조정대상지역에서 주택을 취득하면 2년 이상 거주해야 합니다.

1세대 1주택자가 양도소득세 비과세를 적용받기 위한 조건은 다음과 같습니다.

양도소득세 1세대 1주택 비과세 자가진단법

대상이 주택이어야 한다.	주택이란 주거용 건물로서 문서상의 용도가 아닌 사실상의 용도로 판정합니다. 예를 들어 오피스텔이 서류에 사무실로 기재되어 있더라도 실제 거주용으로 사용한다면 그 오피스텔을 주택으로 봅니다.

1세대를 대상으로 한다.	1세대란 배우자와 기타 가족이 생계를 같이하고 있는 집단을 말합니다. 이런 가족 구성원들을 통틀어 1세대로 보는데, 판정은 주민등록 등본을 통해 이뤄집니다. 다만, 배우자가 없더라도 30세 이상이거나 중위소득 40% 이상 소득세법상 소득이 있다면 1세대로 인정됩니다. 만약 부모님이 따로 살고 있지만, 건강보험 등의 이유로 주민등록을 옮겨 놓은 상태에서 집을 양도하면 1세대 1주택으로 보지 않을 수 있어 세금이 부과될 수도 있습니다. 또 양도일 전부터 다른 주택 등이 없는 상태에서 1주택만 보유해야 합니다.
2년 이상 보유 및 거주해야 한다.	1세대 1주택 비과세를 적용받기 위해서는 원칙적으로 2년 이상 주택을 갖고 있어야 합니다. (조정대상지역에서 취득했다면 2년 거주 요건도 갖추어야 합니다.)

그렇다면 위 사례에서 소유한 주택은 세금이 부과될까요? 위 내용을 바탕으로 순서대로 3가지 질문을 해봅시다.

1번	주택인가?	부동산은 주택입니다.
2번	1세대 1주택 인가?	부모님과 함께 1세대를 이루고 있으므로 1세대 2주택이 됩니다. 따라서 본인 소유 양산 주택을 팔 때 양도소득세가 부과됩니다. 하지만 근로소득이 있으므로 세대 분리를 하면 1세대로 인정됩니다. 그러므로 세대를 분리해 1세대로 만들면 비과세를 적용받을 수 있습니다.
3번	2년 이상 보유 및 거주했나?	2년 이상 전세를 주고 있었으므로 보유요건을 갖추었습니다. 양산은 취득 당시 조정대상지역이 아니므로 거주요건과는 무관합니다.

Q 조정대상지역인 상태에서 주택을 매입해 즉시 전세를 줬는데, 규제지역에서 해제된 후 '1세대 1주택 비과세를 적용받겠다'라고 생각하고 처분했다가 생각지 못한 양도소득세 폭탄이 떨어졌습니다.

A 소득세법은 거주자인 1세대가 국내에 주택 1채를 2년 이상 보유하다

처분하는 경우, 양도금액 12억 원까지는 양도소득세를 전액 비과세한다고 규정하고 있습니다.

그런데 2017년 8월 2일 이른바 '8·2 부동산 대책' 발표에 따라 주택 취득 당시 조정대상지역으로 지정된 곳이라면 2년 이상 거주요건을 갖춰야 비과세 혜택을 받을 수 있습니다. 여기서 주의해야 할 것은 2년 거주 의무가 부여된 조정대상지역은 2024년 11월 현재(강남 3구·용산구)가 아니라 과거 취득 시점이 기준이라는 사실입니다.

따라서 위 사례처럼 조정대상지역에서 주택을 매입해 실제 살지 않고 전세를 줬는데, 규제지역에서 해제됐다고 생각하고 처분했다간 생각지 못한 양도소득세 폭탄이 떨어질 수 있는 것입니다. 다시 강조하지만, 1세대 1주택자가 조정대상지역 주택 취득 시 양도소득세 비과세를 적용받으려면 2년 거주를 꼭 해야 합니다.

1세대 1주택 양도소득세 비과세 규정은 원칙적으로 2년 보유(비조정대상지역 취득) 및 거주요건(조정대상지역 취득)을 충족해야 합니다. 이런 비과세 혜택을 계획하고 집을 샀지만, 1주택자가 부득이한 사유로 2년 보유 및 거주요건을 채우지 못할 때 구제하는 제도가 있습니다.

Q **부득이한 사유란 구체적으로 어떻게 되나요?**

A 세법상 허용한 '부득이한 사유'로는 취학과 근무상 형편, 질병의 요양 등입니다.

이때 주의해야 할 것은 세법이 열거한 부득이한 사유라도 최소 1년은 거주해야 2년 보유·거주 요건의 특례가 인정된다는 것입니다.

소득세법 시행령 154조는 '1년 이상 거주한 주택을 취학, 근무상의 형편, 질병의 요양, 그 밖에 부득이한 사유로 양도하는 경우 보유·거주 기간을 적용하지 않는다'고 규정하고 있습니다.

여기서 주의할 것은 자녀 취학의 특례가 적용되는 학교급은 초·중학교는 제외되고 고등학교와 대학교에 한합니다.

또 해외 이주로 세대 전원이 출국하는 경우 출국일부터 2년 이내에 양도하면 보유·거주 요건을 충족하지 않아도 비과세 됩니다. 다음 표를 참고합시다.

취학	초등학교, 중학교 제외하고 고등학교와 대학교에 한함
이직	다른 직장으로의 이직과 같은 직장의 전근 등 모두 포함. 자영업자의 사업장 변경은 제외
치료(요양)	1년 이상의 치료나 요양해야 하는 질병의 치료 또는 요양인 경우 (출산을 위한 치료 및 요양도 포함)
해외 이주	세대 전원이 출국하는 경우, 출국일부터 2년 이내에 양도하면 보유·거주 요건을 충족하지 않아도 비과세

그리고 보유·거주기간 특례는 부득이한 사유가 발생하기 전에 취득한 주택만 적용됩니다.

다시 강조하지만, 보유·거주기간 특례를 적용받기 위해서는 해당 주택에서 1년 이상 거주를 해야 합니다. 따라서 1년 보유만 하고 거주하지 않았다면 적용받을 수 없습니다. 거주기간 계산은 해석의 여지가 있지만, 취득일부터 양도하는 날까지의 보유 기간 중 거주한 기간을 기준으로 판단합니다.

마지막으로 부득이한 사유로 인해 주거이전의 경우 종전 주택의 양도 시기는 부득이한 사유가 발생한 후에서 부득이한 사유가 해소되기 전에 양도해야 합니다.

규정의 취지가 단기간 내 해소되지 않는 부득이한 사유로 보유 및 거주기간을 충족하지 못하는 상황을 해소하기 위한 것이므로 만약 부득이한 사유가 해소됐다면 해당 특례를 적용받을 수 없습니다.

09

일시적 2주택 비과세 특례, 간단하게 이해하자

◆ 신규주택으로 이사하기 위해 일시적 2주택인 경우 종전 주택을 3년 이내에 양도하면 양도소득세가 부과되지 않는다. 이때 종전 주택은 비과세 요건(2년 보유 또는 거주)을 갖춰야 한다. 이 두 가지 조건을 만족하면 일시적 2주택 비과세 특례가 가능하다.

이 문장은 X입니다. 일시적 2주택인 경우 기존 주택을 3년 이내에 양도하면 양도소득세가 부과되지 않습니다. 이때 주의할 점이 있습니다. 반드시 종전 주택을 취득한 날로부터 1년은 지난 후에 갈아탈 새집을 사야 합니다. 종전 주택을 취득한 날로부터 '1년이 지난 후에 신규주택을 취득한 때'에만 일시적 1세대 2주택으로 인정받을 수 있기 때문입니다.

Q 상속을 받아 2주택이 되었습니다. 주택 중 하나를 팔려고 합니다. 기존 주택과 상속주택 중 어떤 주택을 먼저 파는 것이 좋나요?

A 결론부터 말하자면 기존 주택을 먼저 양도하는 것이 유리합니다. 1주택자가 주택을 상속받아 2주택이 되었을 때, 기존 주택을 먼저 양도하면 기간에 상관없이 양도소득세가 나오지 않습니다. (물론 기존 주택이 비과세 요건을 갖추어야 합니다. 만약 기존 주택을 취득한 지 1년밖에 안 됐다면 상속 이후 1년을 추가로 보유한 후 양도해야 비과세 혜택을 적용받을 수 있습니다.)

일반적인 양도소득세 계산방법은, 1세대 1주택자가 주택을 양도할 때는 고가주택 (12억 원 초과)만 과세하고, 1세대 2주택자는 어떤 주택을 양도하더라도 양도소득세가 나옵니다.

다만 일시적 2주택인 경우 기존 주택을 3년 이내에 양도하면 양도소득세가 부과되지 않습니다. 이 경우에도 주의할 점이 있습니다. 반드시 종전 주택을 취득한 날로부터 1년은 지난 후에 갈아탈 새집을 사야 합니다. 종전 주택을 취득한 날로부터 '1년이 지난 후에 신규주택을 취득한 때'에만 일시적 1세대 2주택으로 인정받을 수 있기 때문입니다.

1주택자(일시적 2주택 포함)는 2년 이상 보유하면 양도소득세 비과세 혜택을 받을 수 있습니다. 다시 복습해 보면 취득 당시 조정대상지역의 주택은 2년 이상 보유하면서 2년 이상 거주도 해야 합니다. 여기서 2년 거주요건은 보유하는 기간을 통산해서 따집니다. 총 보유 기간 중 2년 이상만 거주했다면 요건을 갖춘 게 됩니다. 1년 거주하고, 임대를 놓다가 다시 1년 거주해서 2년을 채웠다면 거주요건을 갖춘 겁니다.

1세대 1주택자라도 이사를 하거나 집을 갈아타는 경우 일시적으로 2주택이 되는 기간이 있을 수 있죠. 새로 산 집과 팔 집의 보유 기간이 잠시 겹치는 겁니다.

이때 3년 내에만 종전 주택을 처분하면 종전에 보유하던 주택을 팔 때 생기는 양도소득세를 비과세합니다. 그냥 1세대 1주택자처럼 말이죠.

이 모두를 정리하면 먼저 국내 1주택(종전 주택)을 소유한 1가구가 종전 주택을 양도하기 전 새집을 취득해 일시적으로 2주택이 된 경우, 종전 주택을 취득한 날로부터 1년 이상이 지난 후 새집을 취득하고 취득한 날로부터 3년 내 종전 주택을 양도하면 1가구 1주택자로 보고 비과세를 적용합니다. 물론 양도하는 종전 주택은 2년 보유 (거주)기간 등 비과세 요건은 갖춰야 합니다. 다음과 같이 1·2·3 법칙만 기억하면 됩니다.

1	종전 주택과 새로운 주택의 취득일 사이 보유 기간이 1년 이상이 될 것
2	종전 주택의 양도일 현재 비과세 요건 (2년 보유 또는 거주요건)을 갖출 것
3	새로운 주택을 취득한 날로부터 3년 내 종전 주택을 처분할 것

일시적 2주택 비과세 규정의 취지는 1세대 1주택을 유지할 목적이지만, 이사 등의 이유로 어쩔 수 없이 일정 기간 2주택이 되는 경우 비

과세 적용하는 것입니다. 따라서 종전 주택을 양도한 이후 1세대가 1주택을 소유해야 합니다. 동일가구원에게 양도하거나 부담부증여를 하는 경우엔 비과세가 적용되지 않습니다.

1주택을 보유하고 1세대를 구성하는 자식이 1주택을 보유하고 있는 60세 이상의 부모를 동거봉양하기 위해 세대를 합쳐 1세대가 2주택을 보유하게 되는 경우 합친 날부터 10년 이내에 먼저 양도하는 주택(보유 기간 등 비과세 요건을 충족한 주택을 말함)도 1세대 1주택으로 보아 비과세를 적용받을 수 있습니다. 이때 부모의 나이 기준은 세대를 합친 날을 기준으로 판단합니다. 2019년 2월 12일 이후부터는 중증질환이 발생한 부모의 동거봉양 등을 지원하기 위해 암, 희귀성 질환 등 중대한 질병이 발생한 60세 미만의 직계존속과 합가한 경우까지 확대했습니다.

그리고 1주택을 보유한 사람이 1주택을 보유하는 사람과 혼인함으로써 1세대가 2주택을 보유하게 되는 경우 또는 1주택을 보유하고 있는 60세 이상의 직계존속을 동거봉양하는 무주택자가 1주택을 보유하는 자와 혼인함으로써 1세대가 2주택을 보유하게 되는 경우 각각 혼인한 날(혼인신고한 날)부터 10년 이내에 먼저 양도하는 주택 (보유 기간 등 비과세 요건을 충족한 주택을 말함)도 1세대 1주택으로 보아 비과세를 적용받을 수 있습니다.

10

부부 공동명의,
무조건 유리할까?

◆ 부동산 공동명의가 보통 절세에 유리하다고 알고 있다. 하지만, 1주택
자라면 공동명의를 해도 절세 효과가 거의 없다.

 이 문장은 O입니다. 부동산을 부부 공동명의로 하면 절세 혜택
을 볼 수 있는 이유는 현행 세법이 대부분 초과누진세율 제도
를 적용하고 있기 때문입니다. 그런데 1주택을 보유한 상황에
서는 단독명의나 공동명의나 과세 내용(양도소득세, 주택 임대소득세 모두
비과세)은 같습니다. 따라서 이런 상황에서는 공동명의를 했더라도 절세 효
과는 발생하지 않습니다.

Q 전세 사기 등이 우려돼 대출을 안고서라도 작은 아파트라도 사려고 합니다. 단독명의가 나은지, 공동명의가 나은지 고민입니다.

A 부동산 공동명의가 보통 절세에 유리하다는 것은 널리 알려져 있습니다. 하지만 모든 경우에 그런 것은 아닙니다.

부동산을 부부 공동명의로 하면 절세 혜택을 볼 수 있는 이유는 현행 세법이 대부분 초과누진세율 제도를 적용하고 있기 때문입니다. 과세표준이 클수록 높은 세율을 적용하는 임대소득세나 양도소득세는 소득이 분산되면 세금이 줄어듭니다. 따라서 공동명의를 이용해 과세표준을 낮추면 절세 효과가 생깁니다. 예를 들어 집을 임대 (또는 양도) 해 발생한 소득이 2천만 원이라고 합시다. 이를 한 사람이 과세 받는 것을 기준으로 하면 2,000만 원 중 1,400만 원까지는 6%, 나머지 600만 원은 15%가 적용됩니다. 따라서 단독명의 시 소득세는 174만 원 (84만 원 + 90만 원)입니다. 그런데 이 소득을 부부 공동명의로 두 사람이 똑같이 나눠 가지면 세금은 120만 원 (1,000만 원 × 6% × 2명)이 되어 54만 원 세금이 줄어들게 됩니다.

그런데 부부가 1세대 1주택자라면 일반적으로 이런 효과가 발생하지 않습니다. 다음 표를 참고합시다.

다음 표를 보면 1주택을 보유한 상황에서는 단독명의나 공동명의나 과세 내용은 같습니다. 따라서 이런 상황에서는 공동명의를 했더라도 실익은 없습니다. 다만 주택을 처분할 때 12억 원이 넘는 고가주택에 해당하면 공동명의가 다소 유리할 수 있습니다.

구분	단독명의	공동명의
취득세	취득가액 × 1%(최대 3%)	좌동
재산세	법정산식에 따라 부과	좌동
임대소득세	해당 사항 없음(단, 고가주택 월세 수익은 과세)	좌동
양도소득세	비과세	좌동

예를 들어 처분할 때 양도가액이 13억 원이고 과세표준을 계산하니 2천만 원이 되었다면 앞에서 본 것처럼 소득 분산이 이뤄지므로 공동 명의가 다소 유리할 수 있습니다.

부동산을 취득하면 제일 먼저 내는 세금이 취득세입니다. 이때 부과 하는 취득세는 물건별 과세하므로 위 표에서처럼 단독명의와 공동명 의의 차이는 없습니다. 그리고 재산세 역시 물건별 과세하므로 명의와 상관없이 부과되는 세금은 같습니다.

종합부동산세는 취득세와 재산세와 달리 인별로 과세합니다. 양도 소득세와 다르게 공동으로 소유한 경우, 각자가 그 주택을 소유한 것으 로 봅니다. 1주택을 부부 공동명의로 취득하면 종합부동산세에서는 1 세대 2주택이 됩니다. 부부 공동명의는 1세대 2주택자로서 소유자별 로 9억 원씩 18억 원을 공제할 수 있습니다. (단, 연령별 공제와 보유기간 별 공제는 적용할 수 없습니다.) 따라서 부부 공동명의라면 공시지가 18억 원까지는 종합부동산세가 발생하지 않아 공동명의가 유리할 수 있습 니다.

Q 그럼 1세대가 2주택 이상을 보유하면 공동명의가 유리한가요?

A 그럴 가능성이 큽니다. 2주택 이상일 때는 임대소득세 그리고 양도소득세
는 공동명의가 유리할 수 있습니다. 이들의 세금은 각 개인이 보유한 재산
이나 각자가 벌어들인 소득별로 부과되기 때문입니다.

알면 알수록
돈이 되는

부동산 상식

01

부동산 중개업소 이용 시, 이것 주의하자

대부분 사람이 집을 구할 때는 직거래가 아닌 이상 부동산 매물 광고 어플을 보고 부동산 중개업소에 전화하는 것이 일반적인 패턴입니다. 특히 내 집 마련이 처음인 사람일수록 다방, 직방, 피터팬 등 부동산 매물 광고 어플과 중개인에게 지나치게 의지하는 경우가 많습니다.

부동산 매물 광고 어플 속 매물이 허위매물인지 아닌지 구별하기 어렵다는 것이 문제입니다. 이런 허위매물로 유혹해 계약을 강요하는 때도 있으니 주의해야 합니다.

다방, 직방, 피터팬 등을 볼 때 팁을 하나 말하자면 클릭한 매물의 상세내용 페이지에 소속 공인중개사 홍길동 010-1234-5678이라는 문구가 있거나 소장 홍길동 010-1234-5678이라는 문구가 있으면 공인중개사 자격증을 취득한 사람이 광고를 올렸다고 보면 됩니다. 하지만 위 내용처럼 소속 공인중개사나 소장 그리고 개인 휴대폰 전화번호가 아닌 사무실 전화번호가 적혀있다면 중개보조원이 해당 매물을 광고하고 있을 가능성이 매우 큽니다. 그리고 다방, 직방 등 어플을 이용하는 것도 좋지만, 네이버 부동산에 광고 중인 매물도 같이 비교해 볼 필요가 있습니다. 실무적으로 어플리케이션에 비해 네이버 부동산은 허위 매물이 잘 없기 때문입니다.

부동산중개업 허가를 받은 중개업소이면서 공인중개사 자격증을 가진 정식 중개사가 개업한 곳이 정상적인 중개업소입니다. 직접 가보면 알 수 있습니다. 공인중개사 자격증을 취득하고 정상적으로 개업을 한 곳은 간판이 'ㅇㅇ 공인중개사 사무소' 또는 'ㅇㅇ 부동산중개'라는 문구가 간판에 있습니다. 그런데 공인중개사무소로 등록되지 않은 곳은 상호가 'ㅇㅇ 컨설팅', 'ㅇㅇ 부동산연구소' 등으로 돼 있거나 사무소에 허가증이 보이지 않습니다. 허가증이 붙어 있다면 대표자 성명, 허가번호, 인장 등이 명시돼 있는지 보면 됩니다.

Q   허가증을 위조할 수도 있지 않나요?

A   만약 그런 의심이 든다면 '한국공인중개사협회' 홈페이지에 접속해 영업 중인 개업공인중개사를 검색할 수 있습니다. 간판 이름과 허가증 이름이 일치하는지 확인할 수 있습니다.

공인중개사 자격증이 있는지도 봐야 합니다. 중개업소를 개업하려면 국가가 인정한 공인중개사 자격증을 취득하고 실무교육을 이수해 구청에 개업공인중개사 등록을 해야 합니다.

대부분 중개사가 직접 중개업소를 운영하지만, 가족 중 한 명이 자격증을 따고 중개업은 가족 등이 할 때도 있습니다. 중개보조원이 계약과 관련한 중요 업무를 수행하는 '불법' 사례도 판을 칩니다.

Q **공인중개사 아닌 중개보조원을 통해 임대차계약을 체결하면 어떤 불이익이 있나요?**

A 원칙적으로 중개보조원을 통한 부동산 계약은 불법입니다. 중개사라고 사칭하고 계약을 부추겼다면 깡통전세 등 전세 사기 물건일 가능성도 있습니다.

중개보조원과 공인중개사는 전혀 다릅니다. 공인중개사법 제2조에 따르면 중개보조원은 개업공인중개사에 소속돼 중개대상물에 대한 현장 안내나 일반 서무 등 단순 업무보조 역할만 해야 합니다. 자격증이 없으므로 직접 계약서를 작성하거나 계약 내용을 설명해서도 안 됩니다. 만약 중개보조원이 직접 물건을 중개하거나 공인중개사라고 사칭하면 1년 이하 징역 혹은 1,000만 원 이하 벌금형에 처합니다.

그런데 실무적으로 중개업소에 중개사는 소수만 있고 많게는 수십 명의 중개보조원을 고용해서 사실상 중개업무와 계약까지도 중개보조원이 하는 경우가 많습니다. 여러 '빌라왕' 사태에서도 중개보조원이 적극적으로 사기에 가담하면서 위험성이 드러난 바 있습니다.

더불어 공인중개사 자격증이 없는 중개보조원은 이직 가능성도 크고 그만두는 일도 빈번합니다. 계약 만기 시 궁금한 사항이 생겼을 때, 또는 해당 집에 문제가 생겼을 때, 계약한 부동산 중개업소 담당자와 의견을 나누고 해결해야 하는데 당시 계약한 중개인이 없다면 곤란한 상황에 처할 수가 있습니다.

그리고 공인중개사는 민법, 중개사법 등 법을 공부해서 얻은 자격증이 있으므로 법 테두리 안에서 정확히 설명하고 계약을 진행하려고 합니다. 자칫 잘못하면 고생해서 얻은 자격증이 정지되거나 취소될 수도 있기 때문입니다. 하지만 중개보조원은 그렇지 않습니다. 중개보조원은 협회에서 4시간 교육(사이버교육 대체 가능)만 받으면 누구나 등록 가능합니다. 임대차계약 관련 전문성이 없고 책임이나 의무도 없습니다. 만약 명함에 'ㅇㅇ 공인중개사'가 아닌 'ㅇㅇ 팀장', 'ㅇㅇ 과장' 등으로만 표시돼 있을 땐 중개보조원일 가능성이 큽니다. 이럴 때는 국가공간정보포털 홈페이지 (브이월드, www.vworld.kr)에 접속해 '부동산중개업 조회'를 하면 해당 중개업소의 소속 공인중개사와 중개보조원 명단을 확인할 수 있습니다.

그리고 중개업소가 공제증권에 가입돼 있는지도 중요합니다. 공인중개사법에 따라 개업공인중개사는 손해배상책임을 보장하기 위해 공인중개사협회의 공제증권에 가입해야 합니다. 일종의 '보험' 성격입니다. 만약 중개인의 부동산중개 행위 과정에서 고의 또는 과실로 인해 거래당사자에게 재산상의 손해를 발생하게 했을 경우 보상한도 내에서 거래당사자는 보상을 받을 수 있습니다.

해당 공제에 가입된 중개업소는 임대차계약을 체결하면 계약자에게 공제번호, 등록번호, 공제금액, 공제기간 등이 기재돼 있는 공제증서를 줍니다. 종전에는 공제가입금액이 1억 원 이상(법인 2억 원 이상)이었지만 2023년부터는 2억 원 이상(법인 4억 원 이상)으로 확대됐습니다.

다만 내가 계약한 부동산중개업소가 2억 원짜리 공제에 가입했다고 해서 모든 사고에 대해서 2억 원의 보상을 해 주는 건 아닙니다. 공제증서에 기재된 공제가입금액이 손해를 입은 중개의뢰인이 협회로부터 보상을 받을 수 있는 손해배상액의 총 합계액이기 때문입니다. 가령 1년 동안 사고가 10건 터지면 한도 2억 원을 10명이 나눠 받는다는 의미입니다.

1년 동안 중개사고가 딱 1건 발생했다고 해도 과실 비율에 따라 배상금이 결정되기 때문에 사고 난 금액 전액을 보상받긴 어렵습니다. 만약 중개업자의 과실로 임차인이 2억 원의 손해를 봤다고 해도 손해배상 청구 결과 중개인의 과실이 절반 정도라는 판결을 받았다면 배상금액은 약 1억 원이 되는 것입니다.

또 보증 기간이 지난 공제증서는 효력이 없으므로 보증 기간도 살펴야 합니다. 배상을 받으려면 중개사의 고의성과 과실 등을 입증할 수 있는 자료가 있어야 하니 혹시 모를 사고를 대비해 계약 문구 등을 꼼꼼히 확인할 필요도 있습니다.

보통 네이버부동산을 통해 대략 알아본 뒤 중개사사무실을 방문해 집을 구합니다. 집을 사는 방법에는 여러 가지가 있습니다. 우리가 흔히 알고 있는 부동산 방문, 네이버부동산 외에도 교환, 경매, 공매 등이 있습니다. 경매, 공매를 통해 집을 사는 경우도 많은데 원하는 아파트 단지가 있다면 경매로 나온 물건을 검색해보는 것도 좋습니다. 경매를 직접할 수 있다면 그렇게 해도 되지만, 그렇지 않을 때는 그에 상당하는 보수를 지급하고 공인중개사를 통해 경매에 직접 입찰할 수도 있다는 사실까지 기억해둡시다.

02

부동산 중개수수료도
협의하면 줄일 수 있나?

부동산에 대한 정보를 제공하고 거래하는 당사자 간 매매, 교환, 임대차 등에 관한 행위를 알선하고 중개하는 일을 하는 사람이 부동산 중개사입니다.

　구체적으로 주택매매의 경우 등기부 등본 등 중개대상물에 대한 정보를 취득하고 분석해 매수자에게 설명합니다. 또 매도자와 매수자 사이에서 가격이나 계약과 관련한 여러 일정을 조정해 줍니다. 이를 통해 매도인과 매수인이 중개사의 서비스를 받고 부동산을 계약하게 되면 그 대가로 제공하는 비용이 중개수수료입니다.

　현행 중개수수료는 크게 주택, 오피스텔, 비주택(토지·상가 등)으로 나뉘어 상한요율이 정해져 있습니다. 세부적으로는 매매와 임대차, 거래금액에 따라 상한요율이 정해집니다.

주택매매의 경우 5,000만 원 이하하는 상한요율 0.6%(한도 25만 원), 5,000만~2억 원 미만은 0.5%(한도 80만 원), 2억 원~9억 원 미만은 0.4%, 9억 원~12억 원 미만은 0.5%, 12억 원 ~ 15억 원 미만 0.6%가 상한요율입니다. 15억 원 이상은 0.7% 내에서 협의해 결정하도록 하고 있습니다. 다음 표를 참고합시다.

거래금액	상한요율
5,000만 원 미만	0.6% (한도 25만 원)
5,000만 원 ~ 2억 원 미만	0.5% (한도 80만 원)
2억 원 ~ 9억 원 미만	0.4%
9억 원 ~ 12억 원 미만	0.5%
12억 원 ~ 15억 원 미만	0.6%
15억 원 이상	0.7%

Q 부동산 중개수수료도 협의하면 줄일 수 있나요?

A 현행 부동산 중개수수료는 법적 상한요율 이내에서 협의해 책정할 수 있어 값을 깎는 행위가 가능하므로 부동산 계약 전 반드시 확인해야 할 항목 중 하나입니다.

다시 말해 상한요율 내에서 협의만 잘하면 매도자나 매수자가 중개수수료를 할인받을 수 있다는 말입니다. 같은 아파트를 같은 금액에 사도 중개수수료를 다르게 내는 이유입니다. 가령 10억 원짜리 아파트에 법적 상한인 0.5% 요율을 적용하면 500만 원을 중개수수료로 내야 하는데, 중개사와 협의해 0.4%만 적용하기로 하면 수수료를 400만 원만 내면 됩니다.

월세 중개수수료란 임대차계약을 중개하는 부동산 중개업체에 지급하는 수수료입니다. 이 수수료는 집주인과 세입자 모두에게 부과됩니다. 임대차의 경우 5,000만 원 이하는 상한요율 0.5%(한도 20만 원), 5000만~1억 원 미만은 0.4%(한도 30만 원), 1억 원~6억 원 미만은 0.3%, 6억 원~12억 원 미만은 0.4%입니다. 12억 원~15억 원 미만은 0.5%, 15억 원 이상은 0.6% 이내에서 협의해 결정합니다. 전세는 전세보증금에 상한요율을 곱해 중개수수료를 계산합니다. 월세는 보증금에다 월세의 70~100%를 더한 '거래가액'에다 상한요율을 곱해주면 됩니다. 중개수수료는 중개인이 제공하는 서비스에 대한 대가로, 계약체결, 물건 안내, 서류작성 등의 과정을 포함합니다. 다음 표를 참고합시다.

거래금액	상한요율
5천만 원 미만	0.5% (한도 20만 원)
5천만 원 ~ 1억 원 미만	0.4% (한도 30만 원)
1억 원 ~ 6억 원 미만	0.3%
6억 원 ~ 12억 원 미만	0.4%
12억 원 ~ 15억 원 미만	0.5%
15억 원 이상	0.6%

참고로 오피스텔은 전용면적 85㎡ 이하(주거용)일 경우 매매는 상한요율이 0.5%, 임대차는 0.4%입니다. 전용 85㎡를 초과하는 비주거용은

0.9% 이내에서 협의해 결정합니다. 주택 이외 토지·상가 등도 상한요율 0.9% 이내에서 협의하면 됩니다.

여기서 잠깐! 비교적 높은 수수료가 적용되는 구간의 거래를 하는 때에는 수수료를 조절해달라고 요구해도 괜찮지만, 한도에 걸리는 구간 같은 낮은 수수료가 적용되는 구간의 거래 수수료를 무작정 깎아 달라고 요구하는 것은 오히려 계약에 좋지 않은 영향을 미칠 수 있습니다. 예를 들어 보증금 100만 원-월세 40만 원, 보증금 500만 원-월세 50만 원 등의 계약을 하면서 수수료를 깎는 것은 공인중개사 입장에서는 기분이 썩 좋지는 않습니다. 20~30만 원 남짓한 수수료까지 깎아 가며 계약하게 되면 광고비, 유류비, 식대, 사무실 수수료까지 다 떼고 나면 그렇게 많이 남는 것도 아닐뿐더러 오히려 계약 시에 세입자에게 도움될 수 있는 조언 등도 하지 않을 수도 있습니다. 수수료율 구간이 낮은 계약은 수수료를 깎기 보다는 그대로 지급하고 그만큼의 서비스를 받는 것이 더 좋습니다.

Q **만약 중개사가 법정 중개수수료보다 수수료를 더 달라고 하면 어떻게 하나요?**

A 공인중개사법에서 정해진 법정 수수료를 초과해서 받을 때는 해당 공인중개사 사무실에 업무 정지 처분과 과태료 처분이 내려지게 됩니다. 또한, 공인중개사는 자격정지 사유에 해당합니다. 법정 중개수수료보다 더 많은 금액을 지급한 경우 구청 민원을 통해 접수하면 공인중개사와 사무실에는 그에 따르는 행정처분이 내려지게 되며 초과 지급한 보

수는 돌려받을 수도 있습니다. 간혹 법정수수료보다 더 높은 수수료를 입금 요구하는 부동산 사무실이 있는데 모르고 이체했다면 돌려받고 이체하기 전이라면 확인설명서 맨 뒷장 4쪽에 있는 중개보수를 보고 해당 금액만 입금하면 됩니다. 그리고 부가가치세를 포함하여 입금했다면 꼭 현금영수증 또는 세금계산서 등을 문자로 받아 제대로 발급했는지도 확인해보는 것이 좋습니다.

Q 중개수수료는 언제 지급해야 하나요?

A 중개수수료는 일반적으로 계약을 체결할 때 지급합니다. 집주인과 세입자가 임대차계약을 체결한 후, 중개업체에 해당 수수료를 지불해야 합니다.

2024년 7월 10일부터 공인중개사는 임차인에게 임대인의 체납세금과 선순위 세입자 보증금 현황을 자세히 설명해야 합니다. 현장을 안내하는 이가 중개사인지 중개보조원인지도 명시적으로 알려야 합니다. 전세 사기 사태로 공인중개사의 책임론이 대두되면서 마련된 조치입니다. 이번 개정을 통해 임차인은 임대차계약 만료 시 임대차 보증금을 돌려받기 어려운 주택을 미리 파악할 수 있습니다.

먼저 공인중개사는 임차인에게 임대인의 체납세금, 선순위 세입자 보증금 등 중개대상물의 '선순위 권리 관계'를 자세히 설명해야 합니다. 외부에 공개된 등기사항 증명서, 토지대장, 건축물대장 외에 임대인이 제출하거나 열람 동의한 확정일자 부여 현황 정보, 국세·지방세

체납 정보, 전입세대 확인서도 확인해야 합니다.

또 공인중개사는 임차인을 보호하기 위한 각종 제도에 관해서도 설명해야 합니다. 대표적인 내용이 주택 임대차보호법에 따라 담보설정 순위에 상관없이 보호받을 수 있는 소액 임차인의 범위와 최우선변제금 수준에 관한 것입니다. 계약 대상 주택이 민간임대주택일 경우 임대인의 임대보증 가입이 의무라는 점도 알려줘야 합니다.

만약 중개보조원이 임차인에게 현장을 안내하는 경우라면 임차인에게 자신이 중개보조원이라는 사실도 알려야 합니다. 공인중개사는 중개대상물 확인·설명서에 중개보조원의 신분 고지 여부를 표기해야 합니다. 중개보조원의 업무 범위에서 벗어난 불법 중개행위를 방지하기 위해서입니다.

아울러 공인중개사는 주택의 관리비 금액과 비목, 부과방식도 명확히 설명해야 합니다. 개정안의 실효성을 높이기 위해 공인중개사가 확인·설명한 내용은 '중개대상물 확인·설명서'에 명기하고, 공인중개사·임대인·임차인이 같이 확인·서명해야 합니다.

03

입주자 사전점검,
이것 꼭 챙기자

새 아파트 입주 전 사전점검은 필수입니다. 입주자 사전점검은 감리대상에서 제외되는 도배나 도장, 벽지, 조경 등 11개 공사에 대해 하자(瑕疵) 여부를 입주자가 미리 검증할 수 있도록 만들어 놓은 제도입니다.

Q 아파트 입주 전 사전점검 시기는 언제인가요?

A 사전점검은 통상 입주 1~2달 전에 이뤄집니다. 입주예정자는 계약한 아파트를 점검하고, 시공사에 하자 보수를 요청할 수 있습니다. 입주예정자가 사전점검 때 발견한 하자에 대해 시공사는 입주 전까지 의무적으로 보수 조치를 마쳐야 합니다.

2021년 1월24일부터 개정 주택법이 시행됨에 따라 '공동주택 입주 예정자 사전방문 및 품질점검단 제도'가 운영되고 있습니다. 입주예정자 사전방문을 실시하는 30가구 이상 공동주택 단지가 대상입니다. 시공사는 입주가 시작되기 45일 전까지 입주예정자 사전방문을 2일 이상 실시해야 합니다. 또 입주예정자가 지적한 사항에 대한 조치계획을 수립해 시장·군수·구청장 등 사용검사권자에게 제출해야 합니다. 특히 철근콘크리트 균열과 철근 노출, 침하, 누수 및 누전, 승강기 작동 불량 등 중대한 하자는 사용검사를 받기 전까지 시공사가 적절한 조치를 해야 합니다. 입주 전 하자에 대해서는 입주 전까지 보수공사 등을 해야 하고, 조치계획에 따라 보수를 하지 않으면 500만 원의 과태료가 부과됩니다. 또 사용검사 전 중대한 하자가 해결되지 않을 때, 사용검사권자는 사용승인을 내주지 않을 수 있습니다.

입주예정자는 사전점검에서 하자 여부를 꼼꼼하게 확인해야 합니다. 입주 후 하자로 인한 불편과 법적 분쟁 등을 최소화할 수 있기 때문입니다. 시공사에서 점검 요령을 알려주고, 일목요연하게 정리된 점검 목록을 나눠주기 때문에, 큰 어려움이 없이 사전점검을 할 수 있습니다. 또 최근에는 건설현장에서 잔뼈가 굵은 건설회사 직원을 비롯해 변호사, 부동산 전문가로 구성된 사전점검 대행업체들도 많습니다. 이들은 열화상 카메라를 비롯해 각종 첨단 장비로 하자 여부를 진단합니다.

사전점검 전 분양계약서와 카탈로그를 미리 챙겨두면 좋습니다. 분양 카탈로그나 견본주택에서 본 마감재가 입주 아파트에 시공됐는지 살펴봐야 하기 때문입니다. 다른 부분이 있다면 반드시 사진으로 남겨야 합니다. 이는 법적 분쟁 시 근거 자료로 활용할 수 있습니다.

사전점검은 현관에서부터 시작합니다. 현관문은 잘 열리는지, 도어록은 잘 작동하는지 확인해야 합니다. 또 문틀과 문의 도장 상태 등도 살펴보고, 현관문 안쪽 문틀 도배 마감 상태도 점검해야 합니다. 이후 신발장 높이와 마감 상태도 확인합니다. 현관 바닥 타일 위치와 파손 여부, 조명 상태와 스위치 위치 등도 꼼꼼히 살펴봐야 합니다. 이어 아파트 내부 균열이나 도배, 바닥 시공 상태 등도 따져 봐야 합니다. 특히 천장·벽 마감 상태, 바다 수평(기울기) 상태, 유리창 문틀 고정 및 파손, 도배지 요철 여부 및 접착 상태, 도배지 오염 및 훼손 등도 주요 점검 대상입니다.

욕실과 주방은 더욱 꼼꼼히 점검해야 합니다. 주방의 경우 싱크대와 서랍 설치상태와 가스렌즈 후드 작동 여부 및 연결 상태 등을 확인해야 합니다. 또 주방 타일 파손 및 오염, 음식물처리기·식기세척기 등 빌트인 주방가전 작동 여부, 수도꼭지 누수 등도 점검 대상입니다. 욕실에선 누수 확인이 필수입니다. 누수로 인해 천장에 곰팡이가 없는지, 전체적으로 벽과 바닥의 타일 상태 등을 꼼꼼히 확인해야 합니다. 또 줄눈 시공, 양변기와 세면기 욕조의 설치상태, 수납장 마감 상태, 수도꼭지·거울·수건걸이·휴지걸이 위치와 설치상태 등도 확인해야 합니다.

사전점검을 하면서 하자를 발견했다면 점검표에 기록하고, 해당 부위에 스티커 등으로 표시해 놓아야 합니다. 또 하자 부분은 사진으로 남겨둬야 합니다. 사전점검 완료 후 점검표를 제출하면 입주 전까지 보수가 진행됩니다. 이후 보수가 제대로 됐는지 확인한 뒤 추가 보수를 요청할 수 있습니다.

04
매도인의 하자담보책임, 잘 알고 활용하자

집을 살 때, 집 내부를 꼼꼼히 둘러보는 것도 중요하지만, 집에 대한 중대한 하자가 없는지 꼭 확인해야 합니다. 집을 보러 갔을 때 누수, 곰팡이, 균열 등 중대한 하자가 없는지 반드시 매도인에게 물어봐야 합니다.

Q **그렇다면 집을 구하기 위해 집을 볼 때는 발견하지 못했던 하자를 거주하면서 발견하게 되면, 이럴 때는 어떻게 해야 하나요?**

A 이런 상황이라면 매도인의 하자담보책임을 고려해서 해결하는 것도 좋은 방법입니다. 매도인의 하자담보책임은 선량하게 부동산 매매를 진행한 매수인을 보호하기 위한 제도입니다. 민법 제580조에서는 매도인의 담보책임에 대해 정하고 있는데, 이를 잘 알고 활용하면 좋습니다.

매도인의 담보책임이란 매매목적물에 존재하는 권리의 하자나 물건의 하자에 대해서 매도인이 매수인에게 부담하는 책임을 말합니다. 매도인의 담보책임은 크게 권리적인 내용과 물건 문제로 구분하고 있습니다. 권리적인 내용이란 부동산의 소유권이나 용익권, 저당권 등 법적인 문제를 말하고, 물건 문제란 부동산 자체의 균열이나 누수 또는 노후화로 발생하는 문제를 의미합니다.

　만약 매도인이 매수인에게 부동산의 하자를 말하지 않은 채 매매를 진행한 경우라면, 매도인의 하자담보책임이 적용될 수 있으며, 질문처럼 건물에 하자가 존재하는 것을 뒤늦게 확인했다면 하자 상태 및 여부에 따라 계약 해제 또는 그에 응하는 손해배상비용을 청구할 수 있습니다. 다시 말해 목적물 자체를 이용할 수 없을 만큼 심각한 하자가 발생했을 때에는 계약 해제가 가능하다는 것입니다. 이때 중대한 하자란 부동산 자체적으로 구조적 결함이나 안전상 문제가 생길 만큼의 하자입니다. 예를 들어 기둥에 금이 뚜렷하게 가거나 내력벽 등에 이상이 생겼을 경우입니다.

　매수인 측에서 들여야 할 비용이 아주 큰 경우에도 매도인 하자담보책임을 활용할 수 있으며 법적으로 제척기간은 6개월입니다. 예를 들어 매매한 아파트 호실 내부에 이전에 누수가 있었고, 바닥면이 기울어져 있는 상태에서 이 부분을 매도인과 매수인이 협의하지 않은 상태에서 계약을 진행했다면 6개월 이내에 이에 관한 손해배상 청구가 가능합니다.

　매수인은 이러한 문제를 미리 예방해야 하고 공인중개사 또는 매도인을 통해 하자를 정확히 확인하고 매매 계약을 해야 합니다. 참고로 매매가 이뤄지기 전에 매수인이 하자에 대해 인지하고 있었다면 책임을 물을 수 없으며 매수인의 과실로 인해 하자를 놓치게 된 경우에도 매도인의 하자담보책임을 주장할 수 없음을 꼭 기억해야 합니다.

매도인의 담보책임은 법정무과실책임으로 규정하고 있습니다. 그러므로 매도인은 매매물건에 존재하는 하자에 대해서 고의나 과실이 없어도 담보책임을 져야 합니다. 다만, 매도인의 담보책임은 매도인과 매수인의 협의에 따라 담보책임의 내용을 가중, 감경, 면제하는 특약을 맺을 수 있으며 합의하에 맺은 특약은 유효합니다. 그러나 매도인과 매수인이 담보책임 면제 특약을 맺었더라도 매도인이 만약 하자를 알고도 말하지 않은 경우라면 매도인은 담보책임을 져야 합니다. 매매계약서에 하자 관련 부분 특약을 상세하게 작성해야 하는데, 매도인은 하자를 고지하고 하자 부분에 향후 발생하는 부분에 관한 책임을 묻지 않는다는 내용을 넣어야 하고, 매수인은 매수인이 확인한 하자는 특약에 넣고 이외 하자에 대해서는 매도인이 하자담보책임을 진다고 특약을 넣어야 합니다.

하자담보책임 문제는 오랜 기간 법정 싸움이 될 가능성이 커 미리 이 부분을 인지하고 매도인과 매수인 합의를 통해 특약을 꼭 작성해야 합니다. 그리고 매도인의 하자담보책임에 대해 증명하는 일이 쉽지 않으니 사진 및 동영상을 미리 촬영해놓는 것도 좋습니다. 다시 강조하지만, 매도인의 하자담보책임은 계약 시점부터 원래 있었던 건물의 하자여야 하고 잔금을 지급하고 거래가 끝난 뒤에 새로 발생한 하자에 대해서는 매수인이 책임져야 하므로 계약 시점부터 문제가 있었다는 것을 증명하기 위해선 꼭 증거를 남겨 놔야 합니다.

05

분양권 vs 입주권, 어떻게 다른가?

재건축·재개발 등 정비 사업에 대한 규제 완화 기대감이 커지면서 입주권과 분양권을 통한 '내 집 마련'에 대한 관심도 높아지고 있습니다. 입주권과 분양권은 모두 시세보다 저렴하게 새 아파트에 입주할 수 있는 보증서이기 때문입니다. 다만 상품마다 등기 여부, 초기 투자비, 과세 등 내용 면에서는 차이를 보인다는 점을 고려해야 합니다.

Q **입주권과 분양권, 어떻게 다른가요?**

A 재건축·재개발 사업장 조합원이 새집에 입주할 수 있는 권리가 입주권입니다. 재개발은 토지나 주택 중 하나를, 재건축의 경우 토지와 건물의 소유권을 모두 가지고 있으면 입주권을 취득할 수 있습니다.

반면 아파트 청약에 당첨되면 얻는 권리가 분양권입니다. 조합원에게 배정된 물량을 제외한 나머지 물량에 대해 일반인과 시행사가 분양계약을 맺게 됩니다.

통상 조합원분양가가 일반분양가보다 저렴하게 책정되기 때문에, 입주권이 분양권보다 수익률이 높은 편입니다. 조합원분양가가 낮게 책정되는 이유는 사업 지연이나 사업비 급증 등으로 발생하는 비용은 모두 조합원들이 부담해야 하기 때문입니다. 만약 일반분양 실패로 미분양이 나오면 그 추가 분담금 또한 조합원들의 책임이므로 그만큼 더 많은 이익을 가져가는 구조입니다.

반대로 분양권의 장점은 입주권보다 초기 투자비용이 낮다는 것입니다. 분양권은 전체 분양가의 10 ~20%에 해당하는 계약금만 지급하면 되기 때문에 입주권보다 초기 투자비용이 저렴합니다. 반면 조합원에게 주어지는 입주권은 기존 건물 평가액과 납부 청산금 등이 모두 포함돼 가격이 책정되기 때문에 초기 투자비가 상대적으로 높습니다.

입주권과 분양권 모두 주택 수 산정에 포함돼 세금 부과기준이 달라집니다. (다만 2021년 1월 1일 이전에 취득한 분양권은 주택 수 산정 시 포함하지 않습니다.) 가령 주택 한 채를 보유하고 분양권도 가지고 있다면 1가구 2주택자로 여겨져 중과세율이 적용됩니다.

2021년부터 분양권을 살 때 주의할 점이 늘어났습니다. 기존 1주택을 보유하고 있는 상태에서 갈아타기 목적이나 투자목적으로 분양권을 취득했다가 세금폭탄을 맞을 수도 있습니다. 분양권 등기 시 취득세나, 비과세라고 안심했던 기존 1주택자 양도소득세 비과세 조건이 사라지고 중과세까지 얹어서 양도세 폭탄을 맞을 수도 있으니 주의해야 합니다. 다음 표를 참고합시다.

취득세	2020년 8월 12일 이후 취득하는 분양권은 취득세 계산 시 주택 수 포함
양도소득세	2021년 1월 1일 이후 취득하는 분양권은 양도소득세 계산 시 주택 수 포함

가령 서울에 기존 1주택을 보유한 세대가 조정대상지역 내 분양권을 취득했다면 분양권을 2주택으로 간주해 분양권 등기 시 8%의 취득세를 내야 합니다. 여러 개를 샀다면 최대 12%까지 세율이 오릅니다. 기본세율 1 ~3%와는 매우 큰 차이입니다. 물론 나중에 팔 때 취득세는 경비처리가 되지만, 납부만 취득세보다 최소한 두 세배는 더 오른 값에 팔아야 조금이라도 손에 남을 겁니다. 여기서 팁이 있다면 두 번째 취득한 분양권 등기/잔금 후 3년 이내에 기존 주택을 팔면 일시적 2주택으로 취득세 중과를 피할 수 있습니다.

청약에 당첨된 뒤 입주를 하지 않고, 분양권을 다른 사람에게 되파는 것을 분양권 전매라고 합니다. 이를 제한하는 것을 전매제한이라고 합니다. 일정 기간이 지날 때까지 다른 사람에게 소유권을 넘기지 못하게 하는 제도로 투기지역이나 과열지구 등에서 제한하는 경우가 대부분입니다. 구체적으로 수도권 공공택지나 규제지역은 3년, 과밀억제권역은 1년, 기타지역은 6개월까지 전매가 제한됩니다. 비수도권 공공택지나 규제지역은 1년, 광역시 도시지역은 6개월, 기타지역은 전매제한이 없습니다.

분양권과 입주권은 어디까지나 '권리'이기 때문에 매입 시 주의해야 할 필요가 있습니다. 입주권은 관리처분인가가 마무리되면 확정되지만, 아직 완공되지 않은 주택의 권리인 만큼 사업 지연 등 리스크가 남아있습니다. 반면 분양권의 경우 곧바로 주택의 소유권이 확보되는 것이 아닙니다. 중도금과 잔금을 치르고 소유권 이전 등기를 마쳐야 비로소 온전한 내 집이 되는 만큼 이러한 금액까지 구매가격에 포함해서 고려해야 합니다.

06

분양권 전매제한,
정부가 기간을 통제한다

분양받은 아파트가 다 지어진 다음엔 당연히 아무 때나 팔 수 있습니다. 그런데 아파트가 지어지기 전에도 집을 팔 수 있을까요? 공사하는 동안 이 집의 실체는 없습니다. 그래서 이땐 분양권 (분양받을 권리)을 파는 것입니다.

가령 10억 원 아파트라면 계약금 1억 원, 중도금 6억 원 그리고 잔금 3억 원, 보통 이런 방식으로 돈을 지급하는데, 공사하는 동안(대부분 2년 반 정도)에 걸쳐서 천천히 내는 식입니다.

분양받으면서 계약금 1억 원을 걸었는데, 해당 아파트 가치가 10억 5천만 원이 됐습니다. 그럼 다시 이 아파트를 다른 사람에게 팝니다. 이때 원래 냈던 계약금 1억 원에다 가치가 오른 프리미엄 5천만 원을 더

한 금액, 1억 5천만 원을 받습니다.

이제 이 집을 매수자 편에서 보면, 실제 거래는 1억 5천만 원에 했고, 앞으로 내야 할 6억 원의 중도금과 3억 원의 잔금을 승계한 것입니다. 매도자의 전재산은 1억 원이었지만, 서류상으론 10억 원짜리 집을 사고팔아서 5천만 원 남긴 게 됩니다. 이게 분양권 거래의 구조입니다.

이 좋은 방법을 누구나 알고 있다는 게 문제입니다. 아무나 청약 판에 뛰어들게 되면, 경쟁률만 엄청 오르고 진짜 집이 필요한 사람들의 허들은 높아만 집니다. 그래서 분양권을 사고파는 기간을 정부가 당첨된 후 몇 년 지나서 팔든지, 아니면 아예 팔지 못하게 통제하는 것입니다. 바로 '분양권 전매제한'입니다. 이렇게 전매제한이 걸리면, 중간에 팔 수 없으므로 계약금부터 중도금 그리고 잔금까지 총 10억 원을 자기가 다 내야 합니다. 팔고 싶으면 일단 10억 원을 다 냈다가 준공된 후 팔 수 있게 되는 것입니다. 그럼 애초에 돈이 모자란 사람은 청약할 수 있을까요? 당연히 못 합니다.

그런데 과열된 부동산 시장이 다시 식으면 청약하는 사람이 줄어들게 됩니다. 이럴 땐 청약 수요를 늘리기 위해서 정부가 다시 전매제한을 풉니다. 전매를 제한했던 것을 어느 정도는 가능하게 만들어준다는 것입니다. 2024년 12월 현재 분양권 전매제한 기간은 다음 표와 같습니다.

수도권	공공택지/규제지역	과밀억제권역	기타
	3년	1년	6개월
비수도권	공공택지/규제지역	광역시(도시지역)	기타
	1년	6개월	-

Q **서울 강남구 아파트에 당첨됐다면, 전매제한 기간은 몇 년인가요?**

A 강남구는 아직 투기과열지구이자 조정대상지역, 즉 규제지역이므로 3년입니다.

그렇다면 도봉구 아파트에 당첨되면, 몇 년일까요? 도봉구는 규제지역은 아니지만, 수도권 과밀억제권역이라서 1년입니다. 다시 말해 1년 지난 후 팔면 된다는 뜻입니다. (참고로 서울이나 서울 붙어있는 곳들은 거의 과밀억제권역이라고 이해하면 됩니다.) 화성이나 용인 같은 곳은 과밀억제권역이 아니라서 기타 6개월에 해당합니다. 그런데 같은 화성이지만 동탄2신도시의 경우는 공공택지이므로 3년입니다.

만약 비수도권 대구 아파트에 당첨됐다고 가정하면, 비수도권 광역시이므로 전매제한 기간은 6개월입니다. 그리고 강원도 태백의 아파트를 분양받았다면, 그럼 비수도권 기타지역이라 전매제한 기간이 없습니다. 쉽게 말해 오늘 계약하고 내일 팔아도 된다는 말입니다.

Q **그런데 위 표에서 괄호 안 도시지역은 무슨 뜻인가요?**

A 대구를 예를 들어보면 도시지역이 아닌 곳은 달성군 농림지역, 자연환

경보전지역 등입니다. 사실상 대부분이 도시지역이라고 보면 됩니다.

　일반적인 분양대금 납부일정을 살펴보면, 아파트를 건설하는 동안 총분양가의 10%씩 일정한 간격으로 할부처럼 냅니다. 부산에서 당첨되면 전매제한 기간이 6개월입니다. 따라서 2025년 1월에 부산 아파트에 당첨되면, 당첨된 날로부터 6개월이 지난 7월이 돼야 팔 수 있다는 것입니다. 만약 10억 원짜리 아파트라면 2월에 계약금 10%, 6월엔 중도금 1회차 10%, 이렇게 2억 원을 넣어놔야 합니다.

　심지어 중도금은 보통 당첨자들끼리 모여서 집단대출을 일으키는 방식입니다. 전매제한 기간이 지난 후 분양권 팔 생각이어도 일단 자기 명의로 대출을 일으켜야 합니다. 그리고 나중에 이 분양권을 팔 때 상대에게 대출까지 넘기는 구조이므로 번거로운 방식입니다. 이런 이유로 중도금 일정을 조정하는 때도 있습니다. 첫 중도금 날짜를 6월이 아니라 8월부터 시작하는 것입니다. 그 뒤의 납부일정은 똑같습니다. 1회차 중도금의 날짜만 살짝 뒤로 미룬 것입니다. 쉽게 말해 "계약금만 걸어놓고 6개월 지나면 분양권 전매하세요, 당신에게 중도금 받을 생각은 없으니까 일단 우리 아파트 청약해주세요." 이런 의미입니다. 따라서 아파트에 청약할 때는 입주자모집공고문에 나온 분양대금 일정을 눈여겨봐야 합니다.

07

우리 아파트는
청약통장 필요 없다고?

부동산 경기가 호황이면 아파트 청약 경쟁은 매우 치열해집니다. 그래
서 아파트는 아니지만, 아파트처럼 지어진 대체재들까지 사랑을 받습
니다. 주거형 오피스텔은 원룸도 있고 큰 집도 있습니다. 평수가 큰 건
보통 아파트 크기나 구조를 거의 비슷하게 만듭니다. 이름은 오피스텔
이지만, 충분히 아파트처럼 보입니다.

Q **그냥 아파트로 짓지, 왜 오피스텔로 짓나요?**

A 어디에 어떤 건물을 지을 수 있는지는 이미 법으로 정해져 있습니다. 지
적도를 보게 되면 노란색, 갈색 계열은 주택을 지을 수 있는 땅이고, 붉
은색 계열은 상업시설을 짓는 땅입니다. 주로 도심이거나 도로변입니다.

그런데 수요조사를 해봤더니 도심에도 집이 필요한데, 상업지역이라서 아파트는 못 짓는 경우가 생깁니다. 이때 오피스를 집처럼 지어 탄생한 게 주거용 오피스텔입니다.

아파트 가격이 오를 땐 주거용 오피스텔도 따라 오르지만, 떨어질 땐 애써 모른 체했던 단점들이 주거용 오피스텔의 가격을 더 깎아버리는 게 문제입니다.

Q 주거용 오피스텔의 단점은 무엇인가요?

A 똑같은 면적대 집이어도 아파트보다 주거용 오피스텔이 더 좁습니다. 그 이유는 공용부에 포함되는 면적도 크고, 발코니도 없기 때문입니다. 커뮤니티 시설도 아파트와 비교하면 부족합니다. 상업지역은 용적률과 건폐율 규정이 주거지역보다 여유가 있는데, 이걸 꽉꽉 채워지어서 밀도가 굉장히 높습니다. (옆 건물과 아예 붙어 있는 경우도 많습니다.) 그런데 누구도 이런 사실을 말하지 않습니다. 그리고 다음처럼 말합니다.

"여기는 청약통장 필요 없어요, 대출 규제 피했어요, 주택 수에 포함 안 돼요."

마찬가지로 도시형생활주택, 생활형 숙박시설도 다 교묘하게 아파트인 것처럼 보입니다. 도시형생활주택은 쉽게 말해 원룸 아파트라고 보면 됩니다. 주차장 같은 규제를 완화해줘서 1~2인 가구들을 위한 집을 지으라는 취지로 만든 주택입니다. 그런데 현실은 마치 아파트인 것처럼 장사들을 하고 있습니다. 아파트를 지으려다 인허가가 쉬우니까 선회하는 때도 많습니다.

생활형 숙박시설은 이름처럼 숙박시설입니다. 단기로 잠을 자고 가는 사람들에게 돈을 받는 집, 바로 레지던스가 생활형 숙박시설입니다. 과거에는 분양형 호텔이 대부분이었습니다. 직접 분양받아서 회원권처럼 1년에 며칠은 자고, 나머지 날짜에 대해선 운영수익을 배당받는 형태였습니다. 그런데 최근엔 아파트인 것처럼 팝니다. 이름도 아파트랑 똑같이 짓죠. 하지만 들어가 사는 건 불법입니다. 숙박업 신고가 의무화돼 있습니다. 단기임대로만 사용해야 한다는 말입니다. 다음 표를 참고합시다.

구분		아파트	주거형 오피스텔	도시형생활주택	생활형 숙박시설
법적 용도		주택	업무 시설	주택	숙박시설
관계 법령		주택법 건축법	건축법, 건축물 분양에 관한 법률	주택법 건축법	건축법, 건축물 분양에 관한 법률, 공중위생 관리법
청약 통장		O	X	X	X
전매 제한		O	O	O	X
대출 규제		O	△	O	△
숙박업 등록		불가	불가	불가	필수
주택수 포함	청약	O	X	O	X
	세제	O	O	O	X

물론 이런 유형의 부동산들로도 돈을 벌 순 있습니다. 하지만 문제는 아파트와 비교했을 때 분양 과정이 굉장히 불투명하고, 제도는 모호하고, 앞으로의 공급량도 불확실하다는 점입니다.

　이런 사실을 제대로 설명을 안 해주기 때문에, 부동산을 잘 모르는 사람들은 아파트인 줄 알고 산다는 것이 문제입니다. 바로 부동산 공부를 열심히 해야 하는 이유입니다.

08

부모님에게 빌린 돈,
자금출처 인정될까?

Q 부모님에게 돈을 빌려 집을 사는데 더했다면, 세무서는 이를 자금출처로
인정하나요?

A 개인이 빌린 돈으로 집을 살 때 '빌린 돈' 즉 채무액은 객관적으로 명백
할 때만 인정이 됩니다. 원칙적으로는 배우자와 직계존비속(부모, 증조
부모, 아들, 딸, 손자 등) 사이의 채무는 자금출처로 인정되지 않고 증여
받았다고 추정합니다. 추정이기 때문에 자금출처로 인정받기 위해서는
이들 사이에서의 채무를 입증할 수 있는 자료를 남겨야 합니다.

Q 그럼 차용증을 작성하면 문제가 없나요?

A 원칙적으로 직계존비속 간의 소비대차는 인정되지 않지만 실제로 소
비대차계약을 맺고 돈을 빌려 부동산 취득자금에 쓰고 추후 이를 갚은

사실이 객관적으로 확인이 되면 이렇게 빌린 돈은 부동산 취득자금으로 인정됩니다.

Q 객관적으로 확인이 되는 자료는 무엇이 있나요?

A 객관적으로 확인할 수 있는 자료로는 금융자료, 이자 지급과 관련한 증빙 및 담보설정, 채권자 확인서 등이 있습니다. 또 해당 자금 거래가 차입이란 사실을 입증할 수 있도록 금융거래내역 상 적요란에 해당 사실을 기재하고 차용증을 작성해 공증이나 확정일자 등으로 거래 발생 사실을 확실히 준비해두는 것이 좋습니다.

차용증을 작성하는 특별한 방식이 있는 것은 아닙니다. 일반적으로 작성일자, 원금상환 방법 및 변제 시기, 이자의 지급 방법 및 지급 시기 그리고 이자율 등을 명시해 둘 필요가 있습니다.

Q 이자율은 어느 정도로 설정해야 하나요?

A 만약 다른 사람에게 돈을 빌릴 때, 세법상 적정이자율은 연 4.6%로 해당 이자율로 약정하고 원리금을 정상적으로 상환하면 문제가 발생하지 않습니다.

참고로 연 4.6%의 이자와 실제 지급한 이자와의 차액이 연 1,000만 원 미만이 되는 이자로 약정해도 문제가 생기지는 않습니다. 세법상 저리이자 또는 무이자로 차용할 때는 증여세가 부과될 수 있지만 이에 해당하려면 연간 차액이 1,000만 원 이상이어야 하기 때문입니다.

예를 들어 빌리는 금액이 3억 원일 경우 세법상 문제없는 최저 이자율을 계산해보면 다음과 같이 약 1.3%가 됩니다.

· (3억 원 × 4.6%) - (3억 원 × 1.3%) = 13,800,000원 - 3,900,000
  = 9,900,000

역으로 무이자로 빌릴 수 있는 금액도 추산할 수 있습니다. 세법상 이자율인 연 4.6%로 연이자 상한을 최대로 맞춘다면 다음과 같이 약 2억 1,730만 원이 나옵니다.

· 2억 1,730만 원 × 4.6% = 9,995,800원

따라서 해당 금액 이하로 빌린다면 무이자로 빌릴 수 있단 얘기입니다. 다만 무이자가 가능하더라도 만기에 원금을 일시에 상환하는 것보다는 매월 일정 금액의 원금을 분할 상환해 만기에 미상환 잔액을 상환하는 것이 좋습니다. 만약 세무서에서 소명 요구가 나온다면 대응할 수 있기 때문입니다.

09

옵션 선택 시
이것 주의하자

Q 청약에 당첨된 후, '옵션 선택에 따라서 세금이 차이가 난다'라는 말을 들었는데, 무슨 뜻인가요?

A 주택을 취득하면 취득세를 내야 합니다. 이미 지어진 집을 사게 되면 그 매입 가격을 기준으로 해서 취득세를 냅니다. 그런데 분양 같은 경우에는 이 매입 가격을 조금 조정할 수 있습니다. 바로 옵션비입니다.

전문적으로 표현하면 '사실상의 취득가격'이라고 합니다. 이 사실상의 취득가격은 취득 시기 이전에 그 해당 물건을 취득하기 위해 거래상대방이나 제3자에게 지급했던 일체의 비용을 다 말합니다. 참고로 분양 같은 경우에는 취득 시기가 잔금을 지급한 날입니다. 그 잔금을 치른 날을 '주택을 취득했다'라고 보는 것입니다. 그런데 그 주택 잔금을 치르기 전에 지급한 돈에 이 옵션에 대한 비용까지 모두 포함이 되어있으므로, 옵션 비용까지 다 포함해서 취득세 과세표준이 된다고 생각하면 됩니다.

다음처럼 가정하고 어떤 옵션을 선택하는가에 따라서 나중에 세금이 어떻게 달라지는지 살펴봅시다.

A 아파트(1주택자)

분양가	8억 8,000만 원
추가로 선택해야 할 옵션	발코니 확장 562만 원, 시스템 에어컨 698만 원, 주방 인테리어 819만 원

발코니 확장만 하는 경우와 발코니 확장과 시스템 에어컨 또 다른 고급화 옵션 모두 할 때 어떤 차이가 있는지 한번 살펴봅시다.

1주택자를 기준으로 살펴보면 발코니 확장만 선택했을 때, 취득가액은 8억8,562만 원입니다. 이때 취득세는 대략 2,800만 원 정도가 나옵니다. 그런데 확장이랑 시스템 에어컨 고급화 옵션을 다 선택을 했다면 분양가의 옵션 비용을 더한 취득가액이 9억 79만 원이고, 세율 구간도 9억 원을 넘어서 (취득세율은) 3%로 바뀝니다. 따라서 다음과 같이 취득세는 2,970만 원 정도로 인상됩니다.

	발코니 확장만 선택	모든 옵션 선택
취득가액(분양가+옵션비용)	8억 8,562만 원	9억 79만 원
취득세	2,800만 원	2,970만 원

Q 그런데 취득세를 좀 더 내더라도 취득가액이 1,500만 원 높아지면 나중에 집을 팔 때 양도차액이 줄어드니, 높이는 게 좋은 거 아닌가요?

A 상황에 따라 맞을 수가 있고, 틀릴 수도 있습니다. 양도차액은 줄어들지만, 1주택자의 경우에는 1세대 1주택 비과세 대상입니다. 즉, 양도가액이 12억 이하면 세금이 하나도 발생하지 않습니다. 이 경우에는 취득가액이 1억이든 5억이든 10억이든 관계없이 세금이 안 나오는 것입니다.

정리하면 A 아파트가 나중에 신축주택이 되었을 때, 12억 이하로 팔릴 것 같다면 굳이 취득세를 더 내면서 옵션을 무리해서 할 필요는 없을 것 같습니다.

그런데 나중에 파는 가격이 12억이 넘는다면 전부를 다 비과세 적용받을 수는 없습니다. 이런 경우에는 취득가액을 올려놓는 게 의미가 있습니다. 특히 1세대 1주택자 비과세를 적용받는다고 하더라도 12억 원이 넘고 'A 아파트에 오래 살지 않고 3~4년 안에 팔 것 같다'라고 생각하면 취득가액을 올려놓는 게 양도소득세 절세에 도움이 될 수 있습니다.

10

세금 없이 3억 2천만 원
증여할 수 있다

혼인 전후 4년 이내에 부모로부터 증여받은 재산에 대해선 최대 1억 원까지 공제를 더 받을 수 있게 됐습니다. 혼인 전후로 전세보증금, 주택 구입 자금 등을 부모에게서 지원받는 현실적 여건을 반영해서 결혼을 장려하기 위한 목적으로 2023년 개정된 세법을 보면 2024년 1월부터 혼인신고 전후 각 2년, 총 4년 이내에 부모로부터 증여받은 재산에 대해 1억 원이 추가로 공제가 가능해졌습니다. 다시 말해 혼인신고일을 기준으로 전후 총 4년 안에 이뤄진 증여분 가운데 1억 원까지는 별도의 증여세가 부과되지 않는다는 뜻입니다.

Q 그럼 2023년 결혼한 경우는 어떻게 되나요?

A 　결혼 전후 총 4년이라는 기간이 설정되면서 2023년 결혼한 신혼부부들 역시 혼인자금 증여세 공제 확대 혜택을 받을 수 있습니다.

종전에는 부모가 자녀에게 증여할 경우 일반적인 증여세규정에 따라 5,000만 원까지만 직계비속 증여공제를 적용했습니다. 이에 따라 신랑과 신부가 각자 부모님으로부터 1억5,000만 원씩 결혼 자금을 증여받았을 때, 각자 970만 원씩 총 1,940만 원의 증여세를 내야 합니다. 다음과 같이 증여받은 1억5,000만 원 가운데 기본공제 5,000만 원을 제한 과세표준 1억 원에, 세율 10%를 곱한 뒤 자진신고에 따른 신고세액공제(3%)를 적용한 금액입니다.

- 1억 5천만 원 - 5천만 원(증여공제) = 1억 원(과세표준)
- 1억 원 × 10%(증여세율) = 1천만 원
- 1천만 원 - 30만 원(신고세액공제 3%) = 970만 원

그러나 2024년부터는 혼인증여공제 1억 원이 추가 적용되면 총 1억 5,000만 원까지 공제받게 되어 증여세로 내야 하는 금액이 없어집니다.

공제를 적용받는 증여대상 재산에 특별한 용도 제한도 두지 않습니다. 결혼 자금 유형, 결혼비용 사용 방식이 다양하고 복잡하므로 용도를 일일이 규정할 경우 현실의 다양한 사례를 포섭할 수 없기 때문입니다. 증여재산으로 전·월세를 살 수도 있지만, 이미 청약을 했을 수도 있고 부모님 집에서 살 수도 있습니다. 그런데 증여재산의 용도를 제한해

두면, 공제 취지인 혼인 장려를 위한 편의성 증대와는 맞지 않게 되어서입니다. 또, 총 4년이라는 다소 긴 기간을 설정한 이유도 납세자 혜택을 강화하기 위한 차원입니다.

Q 부모님 두 분 다 합쳐서 1억 원인 거죠? 어머니 1억 원, 아버지 1억 원 이렇게 따로 받는 건 아니죠?

A 현행 증여재산공제 규정에서는 어머니와 아버지는 하나의 증여자로 보고, 부모님 모두 합산한 금액으로 증여 금액을 보게 됩니다. 직계존속인 어머니와 아버지, 그리고 할머니와 할아버지로부터 받은 금액을 모두 합쳐서 증여세를 계산하게 됩니다.

Q 그렇다면 이런 방법도 가능한가요? 할머니와 할아버지로부터 1억 원을 먼저 받고 나서, 나머지 1억 원은 부모님에게 증여받는 방식이 좋지 않나요?

A 맞습니다. 할머니와 할아버지로부터 받을 때는 혼인증여재산 공제로 먼저 받고, 부모님으로부터는 낮은 증여세율로 공제받아서 조부모 할증을 피하는 방법이 훨씬 유리합니다. 이런 식으로 증여의 순서만 다르게 하더라도 절세 효과를 볼 수 있습니다.

Q 며느리나 사위한테 증여하면 1,000만 원까지 증여재산공제가 된다고 알고 있습니다. 이걸 활용하면 절세가 더 될까요?

A 장인과 장모님, 시아버지와 시어머니는 직계존속이 아니라 기타 친인

척이니 증여재산 1,000만 원까지 추가로 공제 가능합니다. 따라서 부모님으로부터 1억 5,000만 원을 혼인자금공제로 활용하고, 장인으로부터 1,000만 원을 추가로 증여받으면 1억 6,000만 원을 세금 없이 증여받을 수 있게 됩니다. 이런 방식으로 부부가 세금 없이 받을 수 있는 금액은 총 3억2,000만 원이 되는 겁니다.

Q 혼인신고 전 증여 받았다가 결혼이 깨지면 어떻게 되나요?

A 예비 배우자가 사망하거나 파혼 등 이유로 결혼이 깨진 날이 속한 달 말일로부터 석 달 안에 증여받은 재산을 부모에게 돌려주면 처음부터 증여가 없던 것으로 보고 세금을 물지 않습니다.

2025년 바뀌는 부동산 정책은?

첫 자녀가 초등학교 입학 전까지 주택 구입을 계획해 봅시다. 주택 구입은 목돈이 필요하므로 장기간의 계획이 필요합니다. 신혼 초기에는 월세 혹은 전세로 거주 문제를 해결하지만, 점차 경제적으로 안정이 되고 어느 정도 목돈이 마련되면 주택 구입을 적극적으로 고려해봅시다.

주택 구입 계획은 첫 자녀가 초등학교 입학 전까지 하되 적어도 첫 자녀가 중학교 입학하기 전까지 주택을 구입해야 합니다. 주택 구입이 늦어지면 자녀교육비 마련을 위한 그다음 준비에 영향을 미치기 때문입니다.

Q **2025년부터 달라지는 부동산 정책은 어떤 게 있나요?**

A 2025년부터 내 집 마련을 준비하는 수요자를 위한 다양한 금융 혜택

이 시행됩니다. 먼저 1월부터 주요 시중은행의 주택담보대출 중도상환 수수료가 절반 수준으로 줄어들었습니다. 종전 5대 시중은행에선 약 1.2~1.4% 수준의 중도상환수수료를 부과했습니다. 그런데 2025년 1월 중순부터는 차주의 부담을 줄여주기 위해 0.58~0.74% 수준으로 낮아졌습니다.

그리고 만 19~34세 사회초년생인 청년들의 내 집 마련을 돕기 위해 최저 금리 2%대에 주택 분양가의 80%까지 빌려주는 '청년주택드림대출'이 2025년 상반기 중 출시될 예정입니다. 청년주택드림청약에 가입한 후 1년 이상 돈을 납입 (1,000만 원 이상 납입 실적 필요)한 청년 중 연소득이 7,000만 원(부부는 1억 원) 이하인 사람이 6억 원 이하(전용 85㎡ 이하) 주택을 분양받을 때 적용됩니다. 가령 청약에 당첨된 무주택자 청년이 3억 원을 대출받는다고 가정하면, 이 대출을 활용해 일반적인 주택담보대출(금리 3.95%)보다 연 800만 원가량의 이자 비용을 아낄 수 있습니다. 만약 일반 주택청약통장 가입자라면 은행에 방문해 전환 신청을 하면 청년주택드림청약통장으로 전환이 됩니다. 이때 기존 통장의 납입금액, 횟수, 기간 모두 유지됩니다.

Q 그런데 요즘 자재비, 인건비 등이 올라 분양가도 많이 올랐는데, 분양가가 6억 원 이하 아파트가 있을까요?

A 서울은 6억 원 이하 아파트를 찾기 어렵지만, 분양가 상한제가 적용된 경기도권 및 신도시 공공분양이나 지방권 청약 때는 나름 유리하게 써

먹을 수 있는 제도입니다. 다음처럼 강남까지 1시간 이내로 갈 수 있는 경기도 아파트도 있습니다.

- 송내역 푸르지오센트비엔 (25평, 분양가 5억 8천만 원)
- 역곡역 아테움스위첸 (25평, 분양가 4억 9천만 원)
- 광명 센트럴아이파크 (18평, 분양가 5억 2천만 원)
- 광명 소하신원아침도시 (24평, 분양가 5억 1천만 원)

그리고, 청년들의 입주가 쉽도록 우수 입지에 다양한 편의시설을 갖춘 청년희망드림주택 공급도 추진될 예정입니다. 2025년부터 신규 모집을 시작하며, 무려 총 18,000가구를 공급할 예정입니다. 주택 유형은 다음과 같이 두 가지로 나뉩니다.

- 건설임대주택: 2,000가구 (저렴한 임대료로 거주 가능)
- 분양전환형 매입임대주택: 1만 6,000가구

이와 함께 민간 분양주택의 신혼부부 특별공급에서 신생아 우선 공급 비율이 20%에서 35%로 늘어나고, 공공분양주택에도 신생아(2세 미만 자녀 포함) 우선 공급을 신설하는 등 출산 가구 대상 주택공급을 연 7만 가구에서 12만 가구로 대폭 확대할 방침입니다.

신혼부부 특별공급에서 청약 신청자 본인의 결혼 전 당첨 이력을 배제하고, 출산할 경우 특별공급 기회를 1회 추가 부여하는 등 결혼과 출산에 대한 청약 혜택도 확대됩니다.

시장 과열을 부추기는 이른바 '줍줍' 제도가 개편되어, 무순위 청약은 해당 지역 무주택자만 청약할 수 있습니다. 무순위 청약은 부정 청약, 계약 포기 등으로 당첨자가 없어진 물량을 나중에 다시 청약받는 것인데, 주택 수나 사는 지역과 관계없이 누구나 신청할 수 있었습니다. 당첨만 되면 수억 원 많게는 수십억 원의 시세차익이 발생해 그간 '로또 청약'으로 불리며 신청자가 몰려 청약홈이 마비되는 사태까지 있었습니다. 정부는 '무주택 실수요자'에게 공급될 수 있도록 제도를 손보기로 했습니다. 실거주 목적으로 공급하는 만큼 해당 지역 거주자에게 우선으로 공급할 계획입니다. 이와 함께 부정 청약을 근절하기 위해 부양가족과의 실거주 여부 확인절차도 강화됩니다. 청약가점을 높이기 위해 위장전입으로 부양가족 수를 늘리는 부정 청약을 방지하기 위한 것입니다.

자녀를 출산할 계획이라면 '신생아 특례대출' 연장 기간을 눈여겨볼 만합니다. 신생아 특례 구입·전세자금 대출 소득요건도 기존 부부 합산 1억 3,000만 원에서 2억 5,000만 원으로 3년간(2025년~2027년) 추가로 완화합니다. 특례대출 기간에 출산한 경우 현행 0.2%포인트에서 0.4%포인트까지 추가 우대금리가 적용됩니다. 주택가액 9억 원 이하, 대출 한도 5억 원의 주택 요건과 구입자금 자산 4억 6,900만 원 이하, 전세자금 3억 4,500만 원 이하의 자산 요건은 그대로 유지됩니다. 2025

년 1월 1일 이후 출산한 가구에만 해당합니다.

만약 이런 정책대출 대상에 해당하지 않아 일반 주택담보대출을 받아야 한다면 되도록 오는 7월 이전에 주택을 매매하는 것이 유리합니다. 2025년 7월부터 3단계 스트레스 DSR이 실시될 예정이기 때문입니다. 총부채원리금상환비율(DSR)은 소득 대비 갚아야 할 빚의 비율을 뜻합니다. 정부는 2024년 2월부터 스트레스 DSR 2단계, 9월부터는 3단계를 시행해 왔습니다. DSR이 적용되는 은행권과 제2금융권 주택담보대출, 신용대출, 기타대출 한도가 줄어들 수 있어 내 집 마련을 계획하고 있다면 대출 한도와 적용 시기를 꼭 알아두는 것이 좋습니다.

부동산 고수가 쉽게 알려 주는 '부동산 상식'

내 집 마련이 처음이라

초판 1쇄 인쇄	2025년 3월 14일
초판 1쇄 발행	2025년 3월 17일

지은이	오봉원
펴낸이	곽철식
디자인	임경선
마케팅	박미애

펴낸곳	다온북스
출판등록	2011년 8월 18일 제311-2011-44호

주 소	서울시 마포구 토정로 222 한국출판콘텐츠센터 313호
전 화	02-332-4972
팩 스	02-332-4872
이메일	daonb@naver.com

ISBN 979-11-93035-61-0 (03410)